猕猴桃气象灾害监测预报预警评估技术及应用

王景红　郭建平　等　著

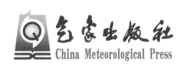
气象出版社
China Meteorological Press

内 容 简 介

本书是农业气象科技工作者在猕猴桃气象灾害监测预报预警评估技术领域的研究与实践成果的总结。以国内外猕猴桃生产概况、主要品种及特性,猕猴桃生长发育的气象条件、气象灾害及风险为基础,详细介绍了猕猴桃主要气象灾害指标体系建立过程应用的控制试验、高光谱及卫星遥感识别技术,以及各类气象灾害预报预警模型、气候品质评价模型等建立方法,猕猴桃气象灾害监测预警服务系统设计与实现,典型气象灾害服务应用实例。该书为猕猴桃气象研究与服务水平的提升提供了理论和技术支撑,可供农业气象等领域从事管理、科研、教育、业务服务、生产的科技人员、涉农企业员工和广大农业生产者参考使用。

图书在版编目(CIP)数据

猕猴桃气象灾害监测预报预警评估技术及应用 / 王景红等著. -- 北京 : 气象出版社, 2023.9
ISBN 978-7-5029-8038-2

Ⅰ. ①猕… Ⅱ. ①王… Ⅲ. ①猕猴桃－果树园艺－农业气象灾害－监测预报 Ⅳ. ①S42

中国国家版本馆CIP数据核字(2023)第173590号

猕猴桃气象灾害监测预报预警评估技术及应用
MIHOUTAO QIXIANG ZAIHAI JIANCE YUBAO YUJING PINGGU JISHU JI YINGYONG

出版发行:气象出版社			
地　　址:北京市海淀区中关村南大街 46 号		**邮政编码**:100081	
电　　话:010-68407112(总编室)　010-68408042(发行部)			
网　　址:http://www.qxcbs.com		**E-mail**:qxcbs@cma.gov.cn	
责任编辑:刘瑞婷		**终　审**:张　斌	
责任校对:张硕杰		**责任技编**:赵相宁	
封面设计:艺点设计			
印　　刷:北京建宏印刷有限公司			
开　　本:787 mm×1092 mm　1/16		**印　张**:10.25	
字　　数:260 千字			
版　　次:2023 年 9 月第 1 版		**印　次**:2023 年 9 月第 1 次印刷	
定　　价:88.00 元			

编写人员

王景红　　郭建平　　李化龙

张维敏　　柏秦凤　　张　震

潘宇鹰　　张　焘　　权文婷

前　言

中国是猕猴桃起源中心,1904 年新西兰从中国引入猕猴桃,1930—1940 年开始大规模商业化栽培,到 1980 年,猕猴桃发展成一个世界性新型果树产业。目前全球有 30 多个国家有猕猴桃栽培,中国、新西兰、智利、意大利栽培面积比较大。1957—1961 年中国科学院植物研究所等单位开始野生猕猴桃的引种研究。1980 年开始小规模生产栽培,目前,中国猕猴桃产量和面积跃居世界第一位。陕西省秦岭北麓分布着南北宽约 50 km、东西长约 200 km 的中国乃至世界最大的猕猴桃集中产区。猕猴桃营养价值极高,经济价值正在不断提升,猕猴桃产业在我国乡村振兴方面发挥着越来越重要的作用。我国猕猴桃产业在高速发展的同时,也出现了一系列问题,在全球气候变暖背景下,受气候变化影响,极端天气气候事件发生的频率和强度均明显增强,猕猴桃越冬冻害、花期冻害、夏季高温热害等气象灾害均出现了新的特征。随着农业科技水平的提高,对气象为农服务提出了更多的需求和挑战。统筹考虑猕猴桃整个生长期可能发生的各类气象灾害机理与特征,集成多种气象灾害防御方法于一体,研究建立猕猴桃气象灾害综合防控方法并加以示范推广,对提高中国猕猴桃产量、品质和经济效益有十分重要的意义。

国家重点研发计划子项目"园艺作物气象灾害监测预警与调控技术(猕猴桃)"课题组成员,历时 3 年,在已有 10 余年猕猴桃气象科研业务服务基础上,通过深入产区开展需求调研、组织实施野外科学试验、利用多源数据开展猕猴桃气象灾害监测预警预测评估技术方法研究,取得了一系列研究成果。以此为基础,编写本书,希望对进一步促进猕猴桃气象服务水平的提升,最大限度减轻气候变化背景下极端灾害性天气带来的损失,为猕猴桃产业高质量发展提供科技支撑。同时,对各级猕猴桃气象科研业务服务人员有所启迪和帮助。

本书共分 17 章。第 1 章国内外猕猴桃生产概况,简述了世界猕猴桃主产区概况、主要品种特性、世界猕猴桃进出口概况、国内外猕猴桃种植效益、中国猕猴桃生产概况。第 2 章猕猴桃主要品种及特性,针对猕猴桃生产中使用的美味系 17 个品种、中华系 20 个品种、5 个雄性授粉品种、11 个砧木品种、15 个软枣猕猴桃品种逐一介绍其生物学特征。第 3 章猕猴桃生长发育与气象条件,较详细地讨论了光、温、水、气等气象条件与猕猴桃生长的关系以及影响。第 4 章陕西猕猴桃的主要气象灾害及风险,详细分析了 5 种主要气象灾害的定义、发生规律、危害与影响、防御措施。第 5~8 章系统全面介绍了基于田间调查的美味系猕猴桃气象灾害指标构建、猕猴桃叶片高温热害控制试验及高温热害指标、猕猴桃越冬冻害控制试验及越冬冻害指标、猕猴桃萌芽期霜冻害指标和夏季高温日灼指标。第 9~10 章阐述了基于光谱指数的猕猴桃高温胁迫等效水厚度监测、利用卫星遥感技术识别低温冻害和高温热害。第 11~12 章重点介绍了猕猴桃果园气象要素预测模型、气象灾害预报预警模型构建方法。第 13~14 章深入分析了秦岭北麓猕猴桃果实品质形成与气象条件的关系、猕猴桃气候品质评价模型。第 15~16 章介绍了全国及陕西的主栽猕猴桃品种的气候适宜性区划技术方法与区划成果、猕猴桃溃疡病发生的气象条件预报方法与防控技术方案。第 17 章猕猴桃气象灾害监测预警服务系统设计与实现、服务案例及分析。

  本书在编著过程中得到陕西省果业中心郭民主研究员、西北农林科技大学刘占德教授、陕西省农村科技开发中心雷玉山研究员的大力支持,在此一并致谢。希望本书能为陕西乃至全国猕猴桃产业高质量发展有所贡献,能为猕猴桃生产和服务人员提供帮助,成为他们工作获益的参考。

  由于水平有限,书中不当之处,敬请阅读者指正。

作者

2023 年 6 月

目　　录

第1章 国内外猕猴桃生产概况

猕猴桃属植物主要起源于亚洲地区,分布区西自尼泊尔、印度东北部、西藏的雅鲁藏布江流域,东达日本四岛、朝鲜和中国的台湾省等广大地区。南北跨度很大,从热带赤道0°附近的苏门答腊、加里曼丹岛等地至温带北纬50°附近的黑龙江流域、西伯利亚、库页岛,纵跨北极植物区和古热带植物区。

猕猴桃是猕猴桃科猕猴桃属落叶藤本植物,原产于中国,适应温暖湿润、阳光充足、排水良好、土壤pH为6.5～7.0的环境,不耐旱,也不耐涝。我国猕猴桃栽培历史悠久,主产于陕西、四川、河南、湖南等省,次产于湖北、广西、江西、福建、安徽等省(区)。

猕猴桃果实成熟后清香爽口,酸甜适中,果实中维生素C含量高(每克鲜果中含1.2～4.28 mg)。其成熟果实含有益氨基酸和多种矿物质,同时另有多种对身体有利的维生素和稀有元素;猕猴桃在市场上越来越引起人们的瞩目,不仅可以提高身体免疫力,还能润肠通便、解热止渴,逐渐成为被人们公认有着高营养价值和药用价值的水果。

我国地大物博,东西南北跨度大,目前尚没有普遍适合全国种植的猕猴桃品种,但各产区都选育出一批适合当地气候生态条件的猕猴桃当家品种。中国猕猴桃栽培地区主要分布在华北地区和华南地区,形成了猕猴桃分布南北跨度大的格局。长江中下游猕猴桃主要栽培区受大气环流的影响,降雨比较集中,上海等周边沿海地区在梅雨季节易发生涝害,是当地发展猕猴桃产业的主要气候障碍。野生猕猴桃多原产于山间林地,生长环境气候温暖、雨量充沛湿润、光照适宜、土壤腐殖质丰富,进而形成了叶片肥大、气孔发达、既不耐旱又不耐高温、根系对缺氧极其敏感、极易遭受涝害的生物特性。

1.1 世界猕猴桃主产区概况

猕猴桃属植物是原产我国的野生果树资源,20世纪初,新西兰从我国引入猕猴桃的种子并繁殖成功后,经过几十年不断开发利用和改进栽培技术,于20世纪70年代初期开始猕猴桃商业化栽培,20世纪80年代后,猕猴桃栽培面积迅猛增长,最先形成规模栽培,成为该国一个出口创汇的支柱型产业,也成为20世纪以来人工驯化最成功的果树之一。

经各国引种驯化,目前世界共有23个国家生产猕猴桃,主要集中在排名前10的国家。到2020年,全球猕猴桃总收获面积45.5万hm²,产量663.7万t,其中中国、意大利和新西兰猕猴桃收获面积分别占全球总收获面积的40.4%、5.5%和3.5%,其产量分别占全球总产量的33.6%、7.9%和9.4%。

2010—2020年,中国、意大利、新西兰三国猕猴桃收获面积和产量一直稳居全球前列(图1.1)。中国的收获面积从2010年的9.8万hm²逐步增长为2020年的18.4万hm²,增长近1倍,产量从2010年的125.0万t增长到2020年的223.0万t,增长近80%倍。全球猕猴桃产量和面积分别较 2010 年增加 68.5% 和 62.4%,中国猕猴桃收获面积和产量分别是新西兰的 11.5 倍和 3.6 倍。可见,中国将对全球猕猴桃产业起到至关重要的作用。

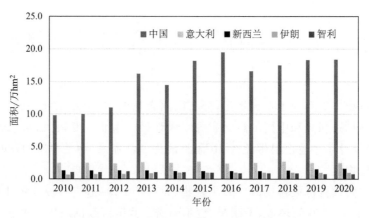

图 1.1　2010—2020 年全球排名前 5 位国家猕猴桃收获面积(万 hm²)

来源于联合国粮农组织(FAO)数据显示,全球猕猴桃单位面积产量排名前五的国家分别是新西兰、伊朗、希腊、土耳其、意大利,而中国仅排名第 17 位,2020 年中国单位面积产量 12.1 t/hm²,是世界平均单产的 74.35%、新西兰的 30.02%。中国猕猴桃单位面积产量与新西兰、希腊、伊朗等国家存在较大差距(图 1.2)。

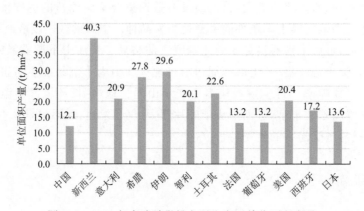

图 1.2　2020 年全球猕猴桃主要生产国单位面积产量

1.2　世界猕猴桃主要品种特性

新西兰于 20 世纪 30 年代开始驯化美味猕猴桃,早期的种植品种主要是海沃德和布鲁诺,至 1975 年海沃德品种的种植面积占世界猕猴桃总种植面积的 95% 以上;至 2000 年前后仍有 90% 以上的种植面积,形成以海沃德为主导的单一品种的猕猴桃种植业。目前,世界主要猕猴桃生产国的品种结构中,绿肉品种约占 66.82%,黄肉品种约占 15.81%,红心品种约占 16.47%,其他约占 0.89%。除新西兰外,基本仍是以海沃德为代表的绿肉美味猕猴桃品种为主,约占总种植面积的 89%;新西兰绿肉品种面积略高于黄肉品种,分别占总面积的 58% 和 42%,产量绿肉品种略低于黄肉品种。意大利除绿肉和黄肉品种外,有极少量的红心品种,约占 0.18%。黄肉品种主要是新西兰的 G3 和意大利的金桃、金艳。G3 是新西兰近几年培育的四倍体黄肉品种，抗溃疡病能力较强。金桃和金艳是意大利从中国科学院武汉植物园获得授权的四倍体耐贮黄肉品种。

中国猕猴桃品种资源丰富，至 2012 年全国审定、鉴定或保护的猕猴桃品种或品系有 120 余个。2003 年 7 月至 2018 年 6 月，国内授权猕猴桃新品种 66 个。商业化栽培的品种有绿肉、黄肉和红心 3 种品种类型，绿肉品种主要是徐香、翠香、海沃德、秦美、金福、贵长、金魁、翠玉等，黄肉品种主要是金桃、金艳、华优、金圆、金梅等，红心品种主要是红阳、东红、脐红、金红 50 等。3 个品种类型的种植面积，绿肉品种约占 51%，黄肉品种约占 16% 为、红心品种约占 33%（图 1.3）。

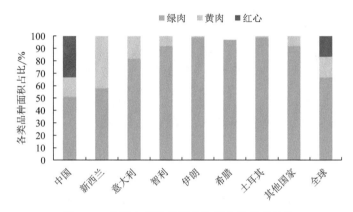

图 1.3　世界主要猕猴桃种植国家的品种结构

2010 年开始，猕猴桃细菌性溃疡病在各国普遍流行，对猕猴桃产量品质影响较大，至 2013 年很多国家平均单产降低，收获面积减少，导致年产量下降。其中受影响最大的是新西兰，收获面积从 2009 年开始呈波浪式下降，2017 年出现最低值，此后又得到恢复，至 2019 年收获面积达到近 1.5 万 hm²，增加了 12.31%。意大利和中国均因品种的多样性比新西兰高，猕猴桃产业受影响相对较小，特别是收获面积未受到大的影响，中国 2009 至 2019 年收获增加了 160.81%，年均增速达 16.08%，带动了猕猴桃适宜生长区域该产业的快速发展。

1.3　世界猕猴桃进出口概况

1.3.1　出口概况

相对于苹果、柑橘、葡萄、梨等大宗水果，猕猴桃商业栽培区域狭小，种植面积和产量也小得多，但却是全球消费者比较喜欢、贸易价格较高的果品之一，年贸易额约占全球果品年贸易总额的 3%。

据联合国商品贸易数据库统计，2010 年以来全球进出口的猕猴桃数量与金额在波动中均有不同幅度增加，2021 年全球猕猴桃贸易总额达 83.64 亿美元，占全球果品贸易总额的 2.98%。2021 年全球猕猴桃出口量合计达 174.41 万 t、出口额合计达 43.87 亿美元、出口均价达 2.52 美元/kg，较 2010 年分别增加了 34.97%、141.82%、79.17%。

从近十年的出口数据看，比利时、智利、希腊、意大利、荷兰、新西兰、西班牙和美国 8 个国家出口的猕猴桃数量一直稳定在 1 万 t 以上，合计占全球出口猕猴桃总量的 84.07%～94.10%。其中，智利、希腊、意大利和新西兰 4 个国家每年出口的猕猴桃基本上都保持在 10 万 t 以上，是全球出口猕猴桃数量较多的猕猴桃主产国(图 1.4)，2010 年以来这 4 个国家出口的猕猴桃数量合计占全球出口猕猴桃总量的 72%～83%。

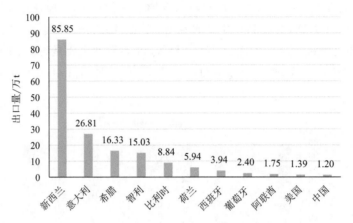

图 1.4　2021 年全球部分国家和地区猕猴桃出口情况

2021 年新西兰共向全球 53 个国家和地区出口猕猴桃，出口中国的数量与金额均最大，分别占其出口猕猴桃总量与总额的 18.69% 和 24.38%；出口中国的价格也最高，由 2014 年以前的 2 美元/kg 多(图 1.5)上涨到近几年的 4 美元/kg 左右，为其出口猕猴桃平均价格的 1.06～1.42 倍。

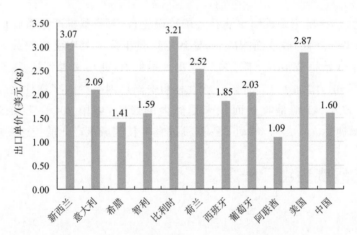

图 1.5　2021 年全球部分国家和地区猕猴桃出口价格

中国猕猴桃主要出口俄罗斯、马来西亚、泰国、印尼、智利等地区，其中俄罗斯是中国猕猴桃最大出口国，占中国出口总量的 57.3%，马来西亚位居第二，占中国出口总量的 15.5%。

1.3.2　进口概况

据联合国商品贸易数据库数据，2021 年全球 126 个国家和地区猕猴桃进口量合计 160.86 万 t，进口额合计 39.77 亿美元，比 2020 年分别增加 8.24% 和 11.05%，较 2010 年分别增加

25.72％和120.02％,进口额达历史新高,进口量略低于2016年;进口均价达历史新高,达2.47美元/kg,较2020年上涨2.59％,较2010年上涨75.00％。意大利、比利时和罗马尼亚等26个国家的进口量在1万t以上,合计占全球进口猕猴桃总量的86.80％。比利时进口量最大,为20.25万t,占2021年全球进口猕猴桃总量的12.59％;中国进口额最大,为5.50亿美元,占全球进口猕猴桃总额的13.84％。

从近十年的统计数据看,2010年以来,比利时、澳大利亚、巴西、中国、加拿大、法国、德国、意大利、日本、荷兰、波兰、韩国、西班牙、俄罗斯、沙特阿拉伯、美国、英国和瑞士等国家和地区进口猕猴桃数量稳定在1万t以上,合计约占全球进口猕猴桃总量的3/4,进口额合计占全球进口猕猴桃总额的78％～85％。其中,比利时和西班牙的进口量2010年以来一直稳定在10万t以上,合计约占全球进口猕猴桃总量的20％,是全球进口猕猴桃的两个重要国家;德国进口量基本上徘徊在10万t左右,而中国和日本近几年进口量已经攀升至10万t以上,这3个国家进口的猕猴桃数量合计占全球进口猕猴桃总量的比重目前也已提高到20％多,也是全球进口猕猴桃较多的国家。

近几年中国进口的猕猴桃数量在12万t左右小幅波动,稳居全球第三(图1.6),进口额则在波动中不断增加,高居全球首位,2021年进口量与进口额分别是2010年的3.86倍和12.31倍,占全球进口猕猴桃总量与总额的比重分别为7.97％和13.84％,与2010年相比分别提高了5.37个和11.37个百分点。从价格看,中国进口猕猴桃价格在波动中不断上涨,进口价格是全球进口猕猴桃平均价格的1.16～1.77倍,2021年进口价格已突破4美元/kg,达4.30美元/kg,分别是2010年和2016年的3.19倍和3.38倍,为2021年全球进口猕猴桃平均价格的1.74倍,在全球进口量上万吨的国家和地区中高居首位(图1.7)。

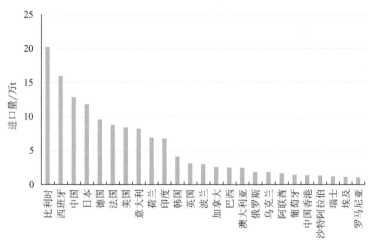

图1.6　2021年全球部分国家和地区猕猴桃进口情况

2021年中国进口猕猴桃来自新西兰、意大利、智利和希腊4个国家,其中,从新西兰进口的最多,达11.70万t,进口额5.16亿美元,与2020年相比分别增加了18.41％和26.88％,分别占其进口猕猴桃总量与总额的91.31％和93.80％。

中国猕猴桃进出口贸易逆差明显。尽管国内猕猴桃生产总量逐年提高,但是出口数量仍然很小。联合国粮食及农业组织公开的数据资料显示,近年来我国猕猴桃出口数量、出口金额的增长和数量远没有进口数量增长快,2015年以后,国内进口猕猴桃数量快速上升至10万t

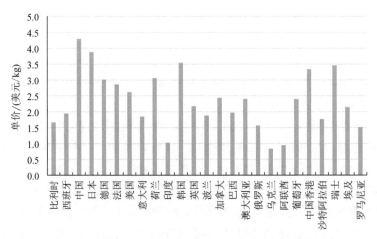

图 1.7　2021 年全球部分国家和地区猕猴桃进口价格

水平；2016 年出口数量 4133.4 t，出口金额 1293.4 万美元，但进口数量 125987.3 t、进口金额 34265.2 万美元，分别是出口数值的 30.48 倍和 24.59 倍。按 FAO 统计数据，2021 年我国进口猕猴桃总量为 128148.8 t，出口总量 11970.8 t，出口仅是进口总量的 9.3%。

1.4　国内外猕猴桃种植效益情况

国外猕猴桃主产国种植收益相对比较稳定。2018—2019 年，新西兰佳沛集团猕猴桃绿果平均收益从每亩* 1.8 万元增长到 1.9 万元，SunGold 金果的平均收益从每亩 3.3 万元增长到 4 万元；2018 年，法国与意大利猕猴桃的平均收益均超过每亩 1 万元。从品种收益角度分析，欧洲国家绿肉、黄肉、红心品种的平均回报率分别为每千克 5.1 元、11.3 元、15.4 元，有机产品价格可高出 50% 以上。

近年来，随着我国人力成本增加，劳动力供应紧张，加之物流、包装成本上涨，猕猴桃生产成本持续上行，猕猴桃种植的利润空间不断被压缩。2019 年，绿肉、黄肉、红心猕猴桃田间收购价较 2014 年分别下降 40.7%、55.6%、50.6%，在不考虑人工及地租成本条件下，猕猴桃种植利润为每亩 4000～23500 元，在完全核算成本情况下，猕猴桃种植已经出现亏损。

通过对 2000—2019 年世界猕猴桃产业发展及鲜果贸易的动态进行分析，发现包括中国在内的全球种植规模和年产量大幅度增加，其中增速最快且显著影响全球种植面积和年产量动态变化的是中国，自 2009 年开始收获面积及年产量均达到世界第一以来一直稳居第一位，至今收获面积和年产量比其他 22 个国家的总和还要高。我国的平均单产虽不断增加，2019 年平均单产比 2000 年增加了 2 倍，但与国际水平进行比较仍仅是全球平均单产的 74.35%，排在第 17 位，说明我国猕猴桃的单产水平较低，还有很大的提升空间。

从猕猴桃进出口看，中国不仅是全球最大的生产国，也是最大的进口国和消费国。此外，随着中国全面进入小康社会，"十四五"期间全面实施乡村振兴，将来实现农业农村现代化，中国人民的经济水平持续提高，全国人民的购买力将大幅度提升，人们对优质猕猴桃的需求将不断增加。如果人均消费量达到 2019 年的 5 倍（8 kg），则需要 1155 万 t 的年产量。

---

* 1 亩 ≈ 666.7 m²

我国幅员辽阔,生态环境多样,猕猴桃种质资源丰富,从南到北都有可选择的种类、品种用于产业种植,可以实现品种的多样化及区域化布局,这是我国发展猕猴桃产业的优势,但因品种过多,也会给计划发展猕猴桃产业的人员带来困惑,面对多样化的品种进行选择时容易盲目。

调研发现,我国人工栽培猕猴桃历史短,仅 30 余年,因此相比苹果、柑橘、桃、李等大宗水果而言,人们对猕猴桃的认知相对不足,缺乏对猕猴桃生长特性、生态环境要求及栽培、植保和采后技术的系统了解,特别是在近几年新发展的区域,常出现建园成活率低、结果迟、病害严重、产量低、盲目早采、风味品质低等情况,这是导致我国平均单产低的主要原因。20 世纪 80 年代开始发展的产区,生产技术相对成熟,技术研发与培训体系也相对完善,平均单产较高,绿肉和黄肉类型品种的平均单产基本稳定在 22～30 t/hm^2。

因栽培历史短,缺少对猕猴桃病虫害发生规律的系统研究,特别是发展早期受到忽略,近 10 余年,生产中的两大重要病害一直制约着我国猕猴桃产业的健康发展,特别是隐秘性强的果实软腐病,主要在田间感染而大多在采后表现症状,早期一直将其归结为贮藏期病害,没有进行有效的预防和治疗,给贮藏与销售企业造成了巨大损失。

从猕猴桃果品销售市场的反响看,国产猕猴桃的综合质量与售价远低于从新西兰进口的猕猴桃,果实品质一致性和稳定性较差,待售果实要么太硬、要么太软。这与我国猕猴桃果实采后的保鲜与分选技术较低、采后保鲜设施投入不够有关。据保守统计,我国猕猴桃果实采后损耗率 20％～25％,而新西兰等猕猴桃强国的采后损耗率可控制在 5％以内。

针对上述问题,为进一步提高我国猕猴桃产品的国际竞争力,笔者认为"十四五"期间猕猴桃产业的重点应是"稳定现有面积,提高产量和改进质量,实施节本增效和绿色防控技术,从而提高单产效益"。具体提出如下发展建议。

(1)充分发挥我国品种资源丰富和生态环境多样性的优势,实现主栽品种向优势区域集中,建设红心、黄肉和绿肉的集中优势产业区。针对主导品种开展全产业链的系统技术研究,如适于机械化和设施化推广的架式和密度、精准施肥灌水、高效授粉、绿色防病等技术,成熟和采收指标的科学制定等,实现高产优质,使平均单产至少达到全球水平,每公顷产量超过 17 t。

(2)对于次适宜发展区域,将其作为精品水果发展,通过采取避雨、温室、遮阴等设施发展风味品质极优、后熟期短但货架期长的特色品种,与观光旅游结合,适度控制规模,发展都市观光农业。为便于延长果品采摘期,布局果实成熟期 8—11 月的多个品种,实现周年供应。

(3)围绕猕猴桃产业的提质增效,下一步应从产业经营模式和科技研发上不断创新,加强科技普及。从产业经营模式上,首先,建议每个生产区域扶持果品初加工企业和品牌销售企业,加强果品采收至分选包装,开拓市场,关注品牌销售,加强产品宣传和消费方式培育。其次,建立"企业＋家庭农场或专业合作社＋科研单位"的合作模式,进一步鼓励家庭农场或专业合作社经营管理猕猴桃,实现对约 6.7 hm^2 规模的园区进行集中管理,保证各项栽培技术措施能实施到位。最后,加强一线从业人员或企业的技术骨干人员队伍的生产技能的培训,提高整个产业的科技水平。

从科技研发上,第一,要加强多抗品种的培育,提高品种的抗逆性,如抗溃疡病、抗果实软腐病的红黄肉品种,抗高湿和干旱的砧木品种等,解决现有美味猕猴桃砧木不抗高湿或不耐碱的缺点。第二,针对果实软腐病和细菌性溃疡病,加强高效快速鉴定、田间预防与防治的绿色防控技术体系研发,解决困扰产业发展的两大病害的鉴定与防治问题。第三,针对不同土壤类型、气候条件及品种特性,开展精准化的系列栽培技术研发,特别是肥水施用、冬夏季修剪、成熟标准及成熟后的系统采收方案的精准制定,提高产量与品质。第四,应针对主栽或主销品种,加强果实采后生理、系列采后保鲜技术、果品分级标准研制、果实催熟等科技研究,减少采后损耗,形成可操作的标准化实施方案。第五,继续加强果品功能成分的研究与深加工产品的研发,延长产业链。

1.5 中国猕猴桃生产概况

我国猕猴桃种植起步晚。1955 年,中国科学院南京植物园开始引种栽培猕猴桃;1978 年前,国内开始零星研究与栽培,人工种植面积不足 1 hm²,品种是新西兰引进的海沃德;1978—1990 年,猕猴桃产业进入起步阶段,种植面积从近乎为 0 发展到 4000 hm²;1990—1997 年,进入快速发展阶段,种植面积发展到 40000 hm²,每年平均增加 4200 hm²;1998—2007 年,进入缓慢增长阶段,10 年间种植面积增长至 60000 hm²;2008—2017 年,我国猕猴桃产业又进入高速发展阶段,猕猴桃种植面积达 25 万 hm²(图 1.8),根据《中国猕猴桃产业发展报告(2020)》显示,2020 年,我国猕猴桃栽培面积达到 29.1 万 hm²,总产量为 300 万 t。

目前在种植猕猴桃的 23 个国家中,面积和产量中国排名第一。中国在猕猴桃种圃资源开发利用和商业化栽培方面落后于西方发达国家,在经过 40 多年的产业科学研究,在产业结构和科学研究方面取得了明显进展:一是种植面积和产量跃升世界前列,在 2006 年,中国猕猴桃种植面积就高达 5.53 万 hm²,产量高达 45.68 万 t,跃居世界首位,成为世界猕猴桃生产大国;二是开展了猕猴桃品种的选种、驯化、培育工作,中华猕猴桃作为一种更新换代品种,成为世界猕猴桃主要品种的一员,并且在新西兰等国家开始了规模化商业栽培,为世界猕猴桃产业发展带来新的机遇;三是建立扩展了猕猴桃的种质范围,丰富了猕猴桃种质资源,成为世界猕猴桃产业的重要基础平台。到目前为止,我国一直在加大加强对猕猴桃资源开发、选种、驯化、培育的研究,产业化发展的配套技术也更加完善,并且在分子生物学、生物化学、遗传多样性中都取得一定进展,为猕猴桃的分类、选种、保护、驯种、培种等提供了科学依据。

中国猕猴桃主要分布在陕西、四川、湖南等省份,其中位于中国北方的陕西省猕猴桃产量和面积最大。我国科研人员、种植工作人员一直都在致力于发展本国的猕猴桃产业,选育一些适合我国大面积栽培的优良品种,目前栽培的许多品种都是从美味猕猴桃、中华猕猴桃、软枣猕猴桃中选育驯化而来。美味猕猴桃是世界普遍大批种植的品种,占世界猕猴桃 90% 左右,中华猕猴桃因为原产中国,在中国被人们大批种植而闻名,约占全国种植面积的 20%。

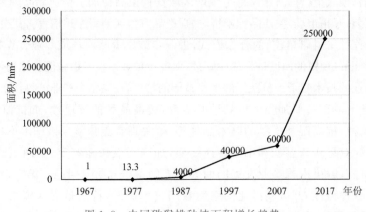

图 1.8　中国猕猴桃种植面积增长趋势

1.5.1　国内猕猴桃区位分布

猕猴桃在植物分类上有 52 个种、16 个变种,中国分布有 51 个种。猕猴桃属的自然分布在 18°～34°N 的亚热带或暖温带湿润和半湿润气候带,越往北分类群越少,干旱而寒冷的地区没有分布,越往南分类群越复杂,但脱离了大陆的岛屿及与大陆相连的南太地区则分布极少。

中国是猕猴桃属植物分布的主体,其大部分类群主要集中在中国秦岭以南、横断山脉以东的地区,构成了猕猴桃属的密集分布区域。几乎所有中国的邻国都有猕猴桃属植物,但均属零星分布,处于该属植物分布的边缘区。

猕猴桃属的自然分布特征,反映了该属植物对水分、热量条件的需求较高,一般要求满足年平均气温 11.3～16.9 ℃、≥10 ℃的活动积温 4500～5200 ℃·d,无霜期 160～270 d 的基本条件。云南、广西、湖南、四川、贵州、江西、浙江、广东、湖北和福建等省(区)的分类群最多,陕西、安徽和河南次之,其余各省(区、市)分布很少,新疆和内蒙古因干旱、寒冷无猕猴桃分布。

我国猕猴桃的产业布局持续扩大,成为全球猕猴桃商业种植面积和产量最大的国家。全国 21 个省、自治区、直辖市有猕猴桃种植,目前已逐步形成了陕西秦岭北麓猕猴桃主产区、四川大巴山南麓山区及龙门山区猕猴桃主产区、湖南省西部和湖北省西南部武陵山区猕猴桃主产区、贵州苗岭乌蒙山区猕猴桃主产区、河南的伏牛山和桐柏山等大别山区猕猴桃主产区等五大优势产区,种植规模占全国猕猴桃总规模的 82.3%。猕猴桃的后熟型水果特性,使其产区集中程度较高,省域间产量差异较为明显,主产省域的产量往往远高于其他省域,产量规模排名前 6 的是陕西、四川、贵州、湖南、浙江和河南(图 1.9)。

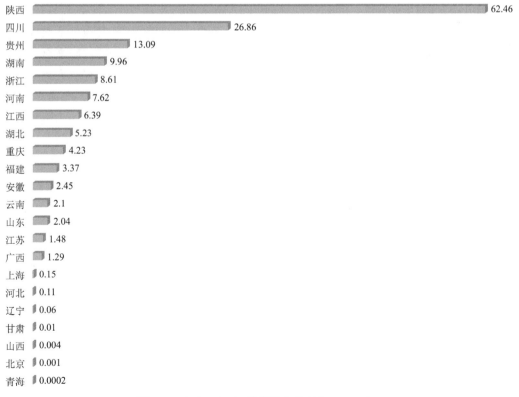

图 1.9　各省(区、市)猕猴桃产量/万 t(2018 年)

猕猴桃作为后熟型水果,在我国水果行业所占的规模比重较低,与后熟型水果中生产规模排名前列的香蕉、柿子、芒果相比,2020 年猕猴桃产量所占比重仅为 0.84%,在后熟型水果中所占比重偏低(图 1.10)。

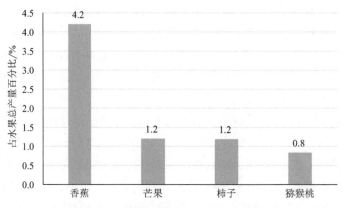

图 1.10　四种后熟水果产量占水果总产量百分率

1.5.2　国内猕猴桃主产省生产概况

(1)陕西

陕西猕猴桃产业是在野生猕猴桃资源研究基础上发展起来的。1979 年农业农村部组织下达"秦巴山区猕猴桃资源普查及利用研究"课题,通过 3 年的普查弄清了秦巴山区野生猕猴桃资源的分布、蕴藏量和种类;实地普查中按照生物学特性采集了大量不同类型的野生种,建立起了猕猴桃种质资源圃;同时还选择了一批具有果个大、风味独特、果肉颜色不同等重要经济性状的优良植株。随后,对野生优良植株进行筛选、繁殖和人工栽培试验,培育出了"秦美"等一批新品种。秦岭是猕猴桃的原生地。秦巴山区的气候、土壤条件最适宜猕猴桃生长。其中,陕南汉中北靠秦岭南依巴山,汉江和嘉陵江贯穿全区,气候温暖、雨量充沛、光照充足,猕猴桃年生长量是关中地区的 1.5 倍,成熟期比关中地区早 10 多天,早春无霜冻,为猕猴桃的最佳适生区,汉江、嘉陵江沿岸有 0.7 万～1.0 万 hm² 适宜种植猕猴桃的区域。关中的秦岭北麓东起渭南潼关西至宝鸡渭滨区有长近 400 km 的区域适宜猕猴桃生长,该区域野生资源丰富、气候温暖、光照充足、温差大,是陕西猕猴桃优生区。所产猕猴桃风味独特、品质优良,商品率高,栽培技术先进,种植面积大,在全国已有一定影响。该区域是陕西猕猴桃生产的重点区域,发展区域覆盖西安市的周至、户县、长安、蓝田,宝鸡市的眉县、岐山、陈仓、扶风、渭滨区;渭南市的临渭、华县、华阴、潼关县,汉中市的城固、洋县、勉县、佛坪县,咸阳市的武功县、兴平市、杨凌区。

目前,陕西是全国猕猴桃种植规模最大的省份,2021 年产量达到 129.43 万 t,占全国猕猴桃产量的 3/5,面积 5.2 万 hm²,约占全国猕猴桃栽培面积的 1/3。猕猴桃产量成为仅次于苹果的全省第二大水果。种植区主要分布在秦岭山脉北麓,其中西安市周至县、宝鸡市眉县、咸阳市武功县为集中大规模种植的主要区域。核心产区眉县和周至县的产量就占了总产量的80%,分别达到 53 万 t 和 52 万 t。

陕西拥有 120 余个猕猴桃种质资源,被认定为国家级野生猕猴桃保护区。目前栽培的猕猴桃品种有:徐香、翠香、瑞玉、金福、秦美、亚特、海沃德、金艳、金桃、红阳、金优、华优等,以晚熟品种徐香为主,约占栽培面积 85%,晚熟品种还有亚特和海沃德;其他品种如翠香、红阳等中、早熟品种仅占栽培面积 15% 左右。品种趋于多样化,不同品种上市时间 9—11 月,形成了早、中、晚熟搭配趋于合理,有效地解决了陕西猕猴桃品种结构单一、成熟期集中、应市不均等问题,使得猕猴桃早、中、晚熟品种结构日趋合理,果肉颜色绿、黄、红多彩缤纷,果实甜、酸甜、酸,香气各异,品种基因趋于多元化,满足了不同市场、不同层次、不同消费者的多样化产品需求,促进了猕猴桃产业健康发展。

陕西省猕猴桃主产县(区)栽培技术和生产管理正在走向规范化。陕西省先后制定了《猕猴桃标准综合体》《猕猴桃周年管理历》,组织果农实施猕猴桃优果工程,重点示范推广"大棚架"型、单主干上架、配方施肥、人工疏蕾、人工授粉、定量挂果、果实套袋和病虫害综合防治等优质猕猴桃生产技术。

陕西省还相继制定、颁布了《无公害猕猴桃标准解读》《陕西省优质猕猴桃标准化生产技术规程》《陕西省优质猕猴桃生产关键技术周年操作规范》等。各级果业主管部门紧密结合农时季节和生产关键搞好现场技术培训,组织果农大力实施优果工程和标准化管理,重点推广优质猕猴桃生产"规范栽植、单干上架、配方施肥、定量挂果、综合防治"关键技术,积极建设"果、草、畜、沼、水"配套生态园,示范推广病虫害"灯、板、带"物理防治措施,努力推行统防统治,加强果区环境治理,提高果品质量安全水平。

陕西具有优质猕猴桃正常生长所需的光、温、水等气候资源条件的区位优势,是世界公认的猕猴桃最佳适宜栽植区,种质资源丰富,生态环境良好,产业已初具规模,发展潜力很大,具备做大做强的基础。但是,目前陕西省猕猴桃产业发展还存在一些突出问题,主要表现如下:

① 气候变化对陕西猕猴桃产业影响加剧。在全球气候变暖背景下,陕西猕猴桃主产区气候条件已发生了明显的改变,面对日益扩大的猕猴桃种植面积以及不断增加的种植品种,光热水等气象条件的变化将对整个地区猕猴桃产业的发展产生重大影响。近 50 年来,陕西猕猴桃种植区平均气温呈升高趋势,降水和日照资源呈弱减少趋势,气候整体呈现干暖化趋势。气候资源的变化可能会导致猕猴桃适宜区域和面积发生变化。越冬期冻害、芽膨大期霜冻害、夏季高温日灼、大风等是陕西猕猴桃种植区多发气象灾害,关中北部和秦岭一线易发生越冬期冻害和萌芽期霜冻害,关中东部和汉中盆地的夏季高温日灼危害较为明显。随着气候变化,极端天气气候事件增多,气象灾害的分布特征和规律均发生了变化,需深入揭示灾害特征,因此做好气象灾害的预报预警,找到行之有效的防灾减灾措施具有十分重要的意义。同时,还应做好病虫害的变化趋势和发生特点研究分析,做好病虫害的防治,提高猕猴桃品质和产量。

② 栽培技术落后,标准化程度低。对授粉技术重视不够,果实均匀度差;过载挂果,溃疡病滋生。

③ 生产中化学合成物质投入过大。膨大激素滥用降低了猕猴桃果品质量;化肥、农药投入量大,土壤环境破坏严重。

④ 采后贮运混乱,商品可食率低。早采生采现象严重;大量使用保鲜剂;贮藏期猕猴桃冷(冻)害。

⑤ 环境污染严重,商品性下降。

(2)四川

猕猴桃是四川省的优势特色水果。四川作为我国人工栽培猕猴桃最早的省份之一,从 20 世纪 70 年代末开始种植猕猴桃,依托得天独厚的气候生态条件,形成了龙门山区、成都平原、秦巴山区三大猕猴桃优势产业带,涵盖 14 个市(州)、31 个县(市、区),主产区包括苍溪县、都江堰市、什邡市、彭州市、蒲江县、邛崃市、安州区、北川县、汶川县、芦山县、兴文县、广安区等地。作为中国猕猴桃生长的最佳适宜区和猕猴桃主产区之一,2021 年猕猴桃种植面积达到 5 万 hm^2,产量 44 万 t,栽培面积和产量位居全国第二位。三大产区中以成都产区规模最大,种植面积占全国 16%。

四川猕猴桃主导栽培品种主要有海沃德、红阳、金艳、东红等。其中苍溪县是世界红心猕猴桃发源地,也是中国红心猕猴桃生产第一县。

(3)贵州

贵州是我国野生猕猴桃资源分布核心区之一,是中国科学院及业内专家认定的全球高品质猕猴桃最佳产区之一。1990 年,贵州省果树科学研究所从野生猕猴桃资源中选育出了贵长等 4 个猕猴桃新品种。贵长猕猴桃填补了该省猕猴桃没有自主栽培品种的空白,产业规模随之迅速扩大。

贵州省猕猴桃品种结构以贵长、红阳为主,东红、米良一号、海沃德、金圆和金阳等品种为辅。

截至 2020 年,贵州省猕猴桃栽培面积已达 45400 hm^2,产量约 30 万 t,形成了以贵阳、六盘水为重点的产业集中发展区。其中六盘水市红心猕猴桃种植面积超 1.3 万 hm^2,贵阳市文修县猕猴桃种植规模 1.1 万 hm^2。

(4)湖南

湘西是湖南猕猴桃主产区,该区域野生猕猴桃种类繁多,特别是中华猕猴桃与美味猕猴桃自然藏量大,1982 年,吉首大学科研人员在凤凰县米良乡从野生猕猴桃中筛选出了米良一号、米良四号、米良五号等优株,1989 年通过了湖南省湘西土家族苗族自治州(简称湘西州)科委主持的品系鉴定。湘西州属亚热带山地季风湿润气候,有明显的大陆性气候特征,四季分明,光照充足,气候温暖潮湿,雨量充沛,雨热同期。同时由于地形复杂、气候类型多样、立体气候明显、气候生态条件非常适宜猕猴桃的种植。

湖南省猕猴桃种植区主要分布在湘西的吉首、凤凰、永顺、保靖、花垣、古丈、泸溪等县市。栽培品种主要有米良一号、楚红、翠玉、沁香、红阳、金艳、东红、翠香、炎农 3 号等。2020 年全省猕猴桃种植面积约为 2 万 hm^2。

(5)浙江

浙江中西部是我国野生猕猴桃资源分布较为集中的地区,台州市黄岩区焦坑村至今保存有 200 多年前的猕猴桃植株。近几年全省猕猴桃产业发展较快,2020 年猕猴桃种植面积 0.99 万 hm^2,占全省水果面积 3.12%,产量 9.6 万 t。绍兴市上虞、诸暨,衢州市江山,温州市泰顺,丽水市遂昌、庆元等地为浙江猕猴桃重点产地。江山市是中华猕猴桃自然分布的中心地带和中国南方最大的中华猕猴桃生产基地,有中国猕猴桃之乡之称,全市猕猴桃种植面积 3300 hm^2,为浙江省栽培面积最大的县级市。泰顺县有猕猴桃生产基地近千公顷,栽培面积最大的品种为布鲁诺,占全县栽培总面积 38%;该县成功选育出毛花猕猴桃品种华特,栽培面积占全县栽培总面积 34%左右;红阳猕猴桃占全县栽培总面积 28%左右。

浙江猕猴桃主栽品种有海沃德、布鲁诺、红阳、翠香、金艳、翠玉、徐香和华特,形成红心、黄肉、绿肉不同品种和早、中、晚不同熟期搭配的合理布局。

浙江猕猴桃主产区属亚热带海洋型季风湿润气候区,春夏水热同步,秋冬光温互补,高山云雾弥漫,低山空气湿润,适宜种植猕猴桃。

（6）河南

河南省伏牛山、大别山、桐柏山、太行山区野生猕猴桃资源丰富,是美味猕猴桃、中华猕猴桃、软枣猕猴桃的交叉分布区。南阳的伏牛山、桐柏山区的西峡、内乡、南召、桐柏等和洛阳市人工栽培面积较大。

西峡县是国内最早开展猕猴桃人工栽培的地区之一,也是可利用野生猕猴桃资源最多的地区。目前拥有野生猕猴桃资源 2.7 万 hm²,分布比较集中的区域面积超过 1 万 hm²,已建成猕猴桃人工基地近 1 万 hm²。栽培品种主要有华美 2 号、海沃德、徐香、华光系列等 7 种。西峡县地处北亚热带与暖温带分界线、湿润区与半湿润区分界线,年均气温 15.2 ℃,年均降雨量在 1000 mm 左右,相对湿度 75%,无霜期 236 d,年平均日照时数 2049 h,森林覆盖率 76.8%,优良的地理气候和生态环境使西峡成为猕猴桃最佳适生区之一,有中国猕猴桃之乡之称。

（7）江西

江西属亚热带湿润季风气候,境内自然条件优越,四季分明,热量丰富,光照充足,雨量充沛,野生猕猴桃资源丰富,独特的气候条件适宜猕猴桃生长和果实发育。据调查,省内共有 20 余个猕猴桃种类,其中栽培价值最高的是中华猕猴桃,其次是毛花猕猴桃和多花猕猴桃。武宁县野生猕猴桃资源尤为丰富,在全县划定了八个野生猕猴桃资源保护区,受保面积达 200 hm²,从野生资源中筛选 81-5-1 优株,单果重达 223.5 g,81-3-2 优株的果实纵径为 7.8 cm,均居全国之首。

江西省内的猕猴桃种植广泛,从海拔数十米的平原,到海拔 800 m 的高山均有栽培。从 1985 年开始规模化生产至今,可分为 3 个阶段:第 1 阶段(1985—1995 年),主栽品种为江西本土中华猕猴桃品种,有早鲜、魁蜜、金丰、庐山香、81-5-1 等,促进了江西猕猴桃产业早期的形成与发展;第 2 阶段(1995—2010 年),随着消费市场的逐步兴起,美味猕猴桃因其果实品质更佳、耐贮性更好而受到消费者的青睐,主栽品种更新为美味猕猴桃,即金魁、徐香等,并引进了红阳等特殊果肉颜色的品种;第 3 阶段(2010—2020 年),由于美味猕猴桃的品质和果形等问题,红阳、金艳等品种的种植面积迅速扩大,成为主栽品种,新品种东红、金果等有一定的栽培面积。同时,开始引种金圆、武植 3 号、G3、赣猕 6 号(毛花猕猴桃)、软枣猕猴桃等。据《江西省猕猴桃产业发展“十四五”规划》,截至 2020 年底,江西猕猴桃栽培面积超过 1.4 万 hm²、产量 18.0 万 t,均居全国第 6 位,已成为省内第二大果树产业。

栽培最大的县(市、区)为宜春市奉新县,面积约 0.57 万 hm²,占省的 40.7%,有中国猕猴桃之乡之称;其次是赣州市安远县,面积为 0.27 万 hm²,占全省的 19.3%;赣州市寻乌县居全省第 3 位,面积为 0.1 万 hm²。另外,南昌市进贤县,抚州市东乡县、南城县,吉安市井冈山市,宜春市宜丰县,九江市武宁县、永修县、修水县,上饶市玉山县、弋阳县,赣州市信丰县、会昌县等 12 个县(区、市)也有一定的生产规模。

奉新县猕猴桃主产区为典型的丘陵山区,年平均气温 17.3 ℃,年均降雨量 1612 mm,年平均相对湿度 79%,无霜期年平均为 260 d 左右,年日照时数达 1803 h,形成了适合猕猴桃生长的独特自然生态环境。

（8）湖北

湖北省是猕猴桃的原产中心之一,也是世界猕猴桃主栽品种海沃德的起源中心。2021年,湖北全省种植猕猴桃面积接近 2 万 hm²,成为继柑橘、桃、梨之后,重点发展的第四大水果。

已形成武陵山、幕府山、秦巴山、大别山四大猕猴桃产区，占全省猕猴桃种植面积的80%以上。尤以幕阜山和武陵山区发展基础最好。幕府山特色猕猴桃优势区覆盖赤壁、咸安、铜山、重阳、阳新、江夏等地，面积6700 hm²。

武陵山猕猴桃主产区的宜昌市属亚热带季风气候区，兼有暖温带、寒温带气候特点，气候温和，雨量适中，春秋较长，年平均降水量为992～1404 mm，年均相对湿度为70%～80%，无霜期为230～250 d，年平均气温为13～18 ℃，适宜猕猴桃自然。该区桃野生资源丰富，种质资源占全国的50.8%，自然分布广泛，其中夷陵区有野生猕猴桃面积超过1.3万 hm²，五峰县采花乡栗子坪村有一株1000多年的野生猕猴桃树。宜昌是世界猕猴桃的原生中心和世界猕猴桃第一个商业栽培品种的起源地，猕猴桃产业发展集中分布在海拔500～1600 m的山区，全市猕猴桃种植面积约0.13万 hm²，夷陵、五峰、长阳、秭归、兴山、远安、当阳、宜都八县市区都有一定规模，主要种植的品种有红阳、东红、金魁、翠香、翠玉、米良一号、金艳、金桃、Hort16A等。

湖北秦巴山区猕猴桃主产区的十堰市毗邻神农架，西接秦巴山，属北亚热带季风气候区，是我国南北气候过渡带的重要生态功能区，年平均气温15.2 ℃，极端最低气温−11.9 ℃，年日照总时数1655～1958 h，年降水量840～1150 mm，无霜期225～256 d。以神农架为中心的周边地区是整个猕猴桃属植物的原生中心，也是中华猕猴桃和美味猕猴桃地理分布最集中地区。截至2021年，十堰市猕猴桃种植面积约1200 hm²，年产量近1万 t，其中竹山县、竹溪县、张湾区、茅箭区为主要产区，占全市人工种植面积的80%以上。主要栽培品种有红心类型红阳、绿肉类型海沃德、黄肉类型金艳和Hort16A，还有少量的红心类型东红、脐红以及绿肉类型徐香、翠香和金魁等，其中红阳、金艳和新西兰的黄肉新品种Hort16A是新建园的主导品种，占全市新建园猕猴桃品种的70%以上。

（9）广东

粤东北的河源和平县是广东省最主要的猕猴桃产区，辖区范围内的20个乡镇均有野生猕猴桃分布，是我国最南端的猕猴桃生产基地，也是广东省唯一的国家级猕猴桃生产基地县。

和平县属中亚热带海洋性季风气候，四季分明，气候温和，日照充足，雨水充沛。年平均气温19.5 ℃，极端最高气温38 ℃，极端最低气温−4.5 ℃，全年无霜期293 d，年平均相对湿度80%，年降雨量1536～1693 mm，年日照时数1706.9 h。和平县独特的生态气候条件非常适宜种植猕猴桃，7月、8月、9月三个月是猕猴桃成熟采收期，一般比北方的猕猴桃提前1～2个月上市，是中国成熟最早的猕猴桃产区。

该区自1989年起，引进16个不同品种的猕猴桃，种植历史已有30多年，为中国栽培猕猴桃的南界。2022年，全县猕猴桃种植面积有3700 hm²，年产鲜果5万多吨。自主研发出和平1号、和平2号、和平3号品种。主栽品种包括红阳、徐香、和平1号和5号。

（10）辽宁

辽宁省境内软枣猕猴桃分布区较广，丹东市宽甸县、凤城市，本溪市本溪县、桓仁县，抚顺市抚顺县、新宾县、清原县，铁岭市西丰县、开原市，鞍山市岫岩县以及葫芦岛市绥中县均有一定分布。辽宁省东部山区属湿润半湿润季风区，年平均气温6.5 ℃，年降雨量1000～1200 mm，为软枣猕猴桃的适宜生长提供了良好条件，其软枣猕猴桃资源分布约占全省的2/3。

辽宁省辽东地区从20世纪70年代开始对软枣猕猴桃进行研究，从野生品种中筛选培育出几十个品种。软枣猕猴桃的产业化栽培主要从2014年开始，以露地栽培为主，开始少量设施栽培。近几年米,软枣猕猴桃作为一种新兴产业,在辽宁省内发展迅速。目前,辽宁软枣猕猴桃人工栽培主要分布于辽宁丹东的宽甸县、风城市,本溪的本溪县、桓仁县,抚顺的新宾县、清原县,铁岭的西丰县、开原市。其中丹东、本溪和抚顺栽培所占的比例达到 70%,截至 2019 年底人工栽培面积约 3300 hm²。主要栽培,魁绿、丰绿、桓优一号、龙成 2 号、长江一号等 5 个品种,其中魁绿、桓优一号和龙成 2 号占总栽培面积的 60% 左右。

软枣猕猴桃主产区的丹东属暖温带湿润季风气候区,年平均气温 8.6 ℃,年降水量 975 mm,年平均日照时数 2411 h,年平均风速 2.1 m/s,年平均相对湿度 70%。软枣猕猴桃在快速生长期内雨量充沛,果实成熟期昼夜平均温差 11.8 ℃,利于软枣猕猴桃营养物质积累。

(11)安徽

安徽省猕猴桃野生种质资源丰富,皖西大别山区更是中华猕猴桃的原生境地区,仅六安市野生猕猴桃的分布量就达 1.7 万 hm² 以上,集中分布区有 670～1300 hm²,主要分布在金寨、霍山、舒城和金裕两区南部地区,分布海拔为 100～1100 m,以 200～500 m 居多,六安市金寨县双河镇皮坊村有 1 株占地达 300 m² 以上的野生猕猴桃单株,周边有 20 hm² 以上的连片集中分布区。

猕猴桃种植区主要分布在大别山区和皖南山区,属北亚热带湿润季风气候,季风明显,四季分明,气候温和,雨量充沛,春温多变,秋高气爽,梅雨显著,夏雨集中。目前猕猴桃种植面积 4000～5000 hm²,其中红肉猕猴桃主栽品种为红阳、东红、脐红等。选育有"金瑞"等本地猕猴桃新品种。金寨、金安、霍邱等县区多个经营主体生产的猕猴桃先后获得"国家地理标志保护产品""地理证明商标""地理标志登记产品"称号。

(12)山东

山东省猕猴桃种植区主要在淄博市博山区,种植面积 2000 hm²,主要栽植品种"泰山一号",产量超过 2 万 t。

第 2 章　猕猴桃主要品种及特性

2.1　猕猴桃品种分类

猕猴桃栽培品种按来源分有美味猕猴桃品种、中华猕猴桃品种、软枣猕猴桃品种、毛花猕猴桃品种、杂交猕猴桃品种;按果肉颜色分有绿肉品种、黄肉品种、红心品种;按用途分有鲜食品种、加工品种、观赏品种;按性别分有雌性品种和雄性品种。

按成熟早晚有早熟品种、中熟品种和晚熟品种。猕猴桃的熟性尚无明确的界定标准。暂将陇海铁路沿线地区 9 月中旬以前成熟的品种定为早熟品种。南方早熟栽培区成熟期在 9 月中旬以前的品种列为同期品种。这些品种贮藏性能一般较差,室温下只能存放 10～15 d。如早鲜、桂海 4 号和广东、广西、福建及江西、湖南南部栽培的猕猴桃都列为早熟和同期品种。介于早熟(包括南方栽培区)品种和贮藏期类似于海沃德晚熟耐贮藏品种之间的品种,统称中晚熟或晚熟较耐贮藏品种,包括武植 3 号、魁蜜、金丰、徐香、秦美和米良 1 号等。在常规冷库中存放期约 3 个月,可供应国庆到元旦的市场。

2.2　美味猕猴桃主栽品种及生物学特性

美味猕猴桃在形态上表现为植物体各部分有硬质的糙毛或长硬毛,较难脱落,小枝的毛脱落后亦易见痕迹,果食成熟时硬毛犹存。美味猕猴桃一般生长旺盛,结果以长果枝为主,果肉绿色,品质优,成熟期较晚,一般较耐贮藏。美味猕猴桃是目前世界上栽培最多的猕猴桃属品种,主栽品种有海沃德、秦美、徐香、金魁、华美 2 号、米良 1 号、红美等 30 多个品种、株系。美味猕猴桃主要品种品质优劣的顺序依次为金魁、翠香、瑞玉、海艳、哑特、徐香、晨光、贵长、秦美、秋明、海沃德和米良 1 号。

金魁、米良 1 号突出的优点是糖度高,特别是金魁风味浓,深受市场欢迎。相比之下,徐香风味虽浓,糖度也不错,就是平均单果重太小,不经 KT30 处理,平均单果仅 60～70 g,出现大量小于 60 g 的等外果,其优点是成熟早,9 月中下旬可供应国庆节。

适合种植在海拔较高、气候干燥的区域,主要在秦岭以北栽培,种植面积大。

2.2.1　翠香

翠香原名"西猕 9 号",是西安市猕猴桃研究所和周至县农技试验站于 1998 年开展野生猕猴桃资源调查时,在原就峪乡(现楼观镇)后就峪村山沟南向坡发现的优株,采集母株枝条繁殖观察评价,后经过连续 10 余年的选育和区域试验,2008 年 3 月通过陕西省果树品种审定委员会审定。

（1）物候期

在陕西秦岭北麓气候环境下栽培，2 月下旬进入伤流期，3 月中旬萌芽，3 月下旬展叶现蕾，4 月下旬至 5 月上旬开花，盛花期 3 d，5 月上中旬幼果形成，9 月上旬果实成熟，成熟标志总糖为 6.5%，果实生长发育期 120～140 d，11 月下旬见霜落叶进入休眠期。

（2）丰产性

该品种早熟优质，易早产、丰产，嫁接苗定植后 3 年始果，亩产量 300 kg，中等肥水园第 4 年平均单株产量 31 kg，亩产量 1260 kg，5 年时亩产量可超 1900 kg。

（3）生物学特性

一年生枝萌芽率 60%～70%，成枝率 55%～60%，结果枝率 80% 以上。结果枝有长、中、短三种，长果枝占 20%，中果枝占 60%，短果枝占 20%。结果枝从基部第 2～3 节开始着果，每节着生 1 个花序，一般可出现 3～6 个花序，副花少。始花至末花约 6 d，落花后 10 d 果实进入迅速膨大期。品种适应性广，抗寒、抗日灼、较抗溃疡病。

果实卵形，果喙端较尖、整齐，果个中等，平均单果重 92 g，最大果重 130 g，果皮较厚、黄褐色、难剥离，稀被黄褐色硬短茸毛，易脱落；果肉翠绿色，质细多汁，甜酸爽口，有芳香味，品质上；果心细柱状，白色可食。可溶性固形物含量 16.57%～18.07%，总糖 13.34%，总酸 1.17%，维生素 C 含量为 990～1850 mg/kg。成熟采收的果实在室温条件下后熟期 12～15 d，0 ℃ 条件下可贮藏 3～4 个月。

（4）抗逆性和适应性

① 树势较弱。和美味系其他品种比较，翠香是一个树势相对偏弱的品种，在抗性方面，特别是抗冻抗高温方面表现较差，这就要求在栽植前和初果期，要改好土，重施有机肥，养好树势，合理负载，增强树体抗性，促进树体健壮生长，保持良好生长结果态势。

② 黑头严重。在美味系所有品种中，翠香是唯一的从果实升糖后的 8 月份开始（有时更早），果实表面出现黑褐色隆起斑点或斑块的品种，这些果皮黑斑不影响果肉质量，但入库后从黑斑处首先出变软迹象，直接影响贮藏性。另外，果实表面的黑斑也是影响翠香商品外观的主要不利因素，一般比率都在 5%～10%，发生严重的可达 40% 以上。目前对该病的研究还处于初级阶段，究竟是生理病害还是病理病害业界尚有争论。但有一个规律非常明显，就是多施有机肥，树势强壮、营养投入相对平衡、负载合理、通风透光良好的果园发病明显较轻，特别在幼果迅速膨大期叶片喷施钙肥的，黑头现象很少发生。

③ 不耐贮藏。翠香作为成熟升糖较早的品种，和其他中早熟品种一样，贮藏性相对较差，而且对贮藏温度较敏感（0 ℃ 条件下可贮藏 3～4 个月），冷库贮藏期不超过 3 个月。另外，贮藏期超过 2 个月，如果是早采果或贮藏温度过低，翠香果肉会发苦，这也是翠香贮藏果实在贮藏品质上最突出的表现。所以，在贮藏后期口感发苦之前最好提前出库，这是规避翠香贮藏果变质最好的办法。

2.2.2 徐香

徐香是江苏省徐州市果园在 1975 年从北京植物园引入的美味猕猴桃实生苗中选出。徐香适应性强，在沿海和黄淮平原的碱性条件下生长正常，结果早、品质优良、味甜浓香。1990 年通过鉴定，1992 年在中国猕猴桃基地品种鉴评会上获优良品种奖。1998 年，徐香猕猴桃引入陕西省眉县，多年来表现品质优良，可溶性固形物含量高（一般软熟后含量为 15%，高的可达 20%），并且易结果、丰产、稳产。徐香是美味猕猴桃中品质最好的品种之一，现在已经被越来越多的消费者所认可，冷藏 1 个月后，酸味退去，不需后熟处理即可以直接食用，符合多数人的消费习惯。该品种市场价格居高不下，发展前景极为广阔（刘占德等 2012）。

（1）物候期

在徐州地区，伤流期 2 月下旬至 3 月下旬，芽萌动期 3 月下旬，展叶期 4 月上旬，开花期 5 月中旬，花期 4～7 d。果实迅速膨大期在 5 月中旬至 6 月中旬，从谢花到果实成熟需 150 d，10 月上旬停止生长，11 月上旬落叶。

（2）生物学特性

徐香果实圆柱形，果形整齐，平均纵径 5.8 cm，横径 5.1 cm，侧径 4.8 cm，平均果重 75～100 g，最大果重 137 g。果皮黄绿色，被黄褐色茸毛，梗洼平齐，果顶微突，果皮薄易剥离。果肉绿色，汁液多，肉质细嫩，具草莓等多种果香味，酸甜适口，含可溶性固形物 13.3%～19.8%，维生素 C 含量 994～1230 mg/kg，总酸 1.34%，总糖 12.1%。后熟期 15～20 d，货架期 15～20 d，室温下可存放 30 d 左右，0 ℃贮藏库内可存放 100 d。

该品种树势较强，花单生或三花聚伞花序，以短果枝结果为主。始果早，二年生植株开花株率达 68%，四年生树产量 20.25 t/hm²。徐香在江苏北部、上海郊县、山东、河南等黄淮地区引种栽培，表现良好，适应性强；在碱性土壤条件下，叶片黄化和叶缘焦枯较少。

（3）抗逆性和适应性

① 抗冻性较差。这一品种特性与生长习性有关，特别是秋季生长过旺，不利于休眠前营养积累，进而会影响到抗冻性。冬季−12 ℃低温持续 7 d，初上架 2～4 年幼树多有主干韧皮冻坏褐变坏死现象。

② 自然授粉能力差。同等气候同等土壤同等管理条件下，和其他品种相比，不采用人工辅助授粉，依靠自然风、昆虫进行自然授粉，徐香坐果率是其他品种的不足 50%，适宜的雄树配置比例、实施辅助授粉（包括授粉次数）、果园放蜂等措施对提高该品种产量品质十分重要，否则产量将会受到严重影响。

③ 对温湿度敏感度高。主要表现在两个方面：一是温度稍高叶片就开始上卷，二是土壤湿度稍大叶片上卷。徐香叶片气孔大，相对蒸发量较大，对高温和土壤湿度十分敏感，因此，徐香需要疏松透气的土壤条件，这样根系才能健壮生长，保证正常吸收输送水分，保持树体水分平衡状态，缓解卷叶现象。

④ 贮藏果易失水。徐香果实气孔大、呼吸作用旺盛，直接影响贮藏果实的品质和商品性。徐香冷藏果实基本条件是保证 90% 以上的相对湿度，库内必须配置加湿器，或加套塑料筐塑料袋，或带果柄贮藏，这些措施都可减少水分蒸发，保证商品性。

2.2.3 瑞玉

瑞玉猕猴桃是陕西省农村科技开发中心联合陕西佰瑞猕猴桃研究院有限公司以秦美作母本、K56 作父本，进行杂交选育的美味系早中熟绿肉新优品种，2015 年 1 月通过陕西省果树品种审定委员会审定。瑞玉猕猴桃是绿心猕猴桃市场上最有前景的一个品种，其甜度更是远超我国几个种植面积大的品种，例如：徐香猕猴桃、秦美猕猴桃、米良一号猕猴桃、贵长猕猴桃、金魁猕猴桃、博山碧玉猕猴桃、海沃德猕猴桃、金艳猕猴桃等品种。

（1）物候期

在陕西秦岭北麓,2 月下旬开始伤流,3 月中旬萌芽,4 月上旬展叶现蕾,5 月上旬开花,花期 5～7 d,果实 9 月中下旬成熟,果实发育期 140 d 左右,11 月中下旬开始落叶,全年生育期 260 d 左右。

（2）生物学特性

树势强健,植株健壮,生长势旺盛,枝条粗壮、质硬,成枝力极强。萌芽率 81.2%,成枝率 92%,结果枝率 93.8%,以中果枝结果为主,着果部位 3～8 节。开始结果早,嫁接苗木定植后第 2 年开始结果,经田间试验平均亩产 1800 kg 左右。丰产稳产。瑞玉猕猴桃果实呈圆柱形兼扁圆形,平均单果质量 90 g,最大 128 g。果皮褐色,被金黄色硬毛,果顶微凸。果肉绿色,细腻多汁,风味香甜,含可溶性固形物 18.3%～21.6%,干物质 20%～25%,维生素 C 含量 174.3 mg/100 g,可滴定酸 0.83%,可溶性糖 12.09%,糖酸比 14.09。常温下果实后熟期 20～25 d,货架期 30 d 左右,冷藏可贮藏 5 个月左右。

（3）抗逆性

抗高温干旱能力强,对猕猴桃溃疡病具有较强的抗性,极少发生病虫害。

2.2.4 秦美

秦美原代号为"周至 111",由陕西省果树研究所和周至县猕猴桃试验站联合选出,是 1980 年陕西省周至县就峪公社前就峪大队第一生产队回沟的旱阳坡发现的实生优株。1981 年嫁接繁殖,1982 年定植,1986 年通过省级鉴定,1988 年被评为优良品种,曾经是我国栽培面积最大的猕猴桃品种。

（1）物候期

在陕西地区,伤流期 2 月下旬,芽萌动期 4 月上旬,展叶期 4 月中旬,始花期 5 月中旬,终花期 5 月下旬。新梢开始生长期 4 月中旬,6 月上旬停止生长,二次梢萌发期 8 月上旬。果实成熟期 10 月下旬至 11 月上旬。落叶期 11 月下旬。

（2）生物学特性

秦美果实椭圆形,纵径平均 7.2 cm,横径平均 6.0 cm,平均单果重 100 克,最大单果重 160 g,果皮绿褐色,较粗糙,果点密,柔毛细而多,容易脱落,萼片宿存,果肉淡绿色,质地细,汁多,味香,酸甜可口,含可溶性固形物 14%～17%,总糖 11.18%,有机酸 1.6%,维生素 C 含量 1900～2429 mg/kg,耐贮性中等,常温条件下可存放 15～20 d。果实耐贮藏,但略逊于海沃德。猕猴桃发展早期,种植秦美较多的省市有陕西、河南、贵州、安徽、江苏、浙江、湖北、四川、江西和北京,种植面积占全国总面积的 55% 左右,该品种因口味偏酸,逐渐被其他品种替代,目前主要作为加工品种种植。

秦美植株长势较强,萌芽率在 60%～70%,成枝率 29%。长、中、短果枝分别占 21.1%、36.8%、42.1%,以短果枝结果为主,结果枝在结果母枝的第 3～5 节,具有 2～3 年的连续结果能力,一般每果枝出现 1～3 朵雌花,高的达 5 朵花。果实着生在结果枝的第 2～6 节,丰产稳产,一般管理水平下,嫁接苗定植后第 2 年开花株率 68%,3 年嫁接树产 10 kg,最高株产 50 kg,4 年生树单产达 22.5 t/hm²,6 年生树达盛果期,单产达 45 t/hm²。

（2）抗逆性和适应性

秦美适应性和抗逆性均强,抗旱性中等,抗寒性较强,适应陕西秦岭以南及类似区域生长。

适宜大棚架栽培;加强夏季修剪,及时绑蔓摘心,并疏除过密的徒长枝和纤细枝,冬季修剪宜采用"多芽少枝"修剪技术修剪,注意结果枝的修剪、更新;果实生长期要及时早疏果。

2.2.5 海沃德

海沃德(Hayward)是新西兰当家品种,也是世界各国的主栽品种,我国 20 世纪 70 年代引进。新西兰 1924 年选育出品种,以品质优、耐贮藏等优良性状成为世界各国唯一广泛栽培的品种。

海沃德(Hayward)是 1904 年新西兰人从我国湖北省宜昌引进的野生美味猕猴桃通过实生选种育成的品种。1905 年育苗获得成功,1924 年新西兰人 Hayward Wright 从实生苗中选择大果型优良雌株,并于 1930 年以后命名海沃德在新西兰推广。由于其果形美观,品质优良和耐贮性好等突出优点,受到消费者喜爱,栽培面积迅速扩大,逐渐取代同时期选育出的布鲁诺、艾伯特等其他品种,并广泛引种到世界各国栽培生产,而成为世界性的主栽品种。20 世纪 70—90 年代,海沃德栽种面积占全球总栽种面积的 95% 以上,直到 90 年代中华猕猴桃驯化成功及黄肉品种的推广栽培,才改变了海沃德单一品种的格局,但海沃德至今仍是世界主栽品种。海沃德于 1980 年引进国内种植,一度成为我国商业栽培面积最大的主栽品种,近年在陕西猕猴桃主产区逐渐被徐香、翠香更新换代。

(1)生物学特性

海沃德品种果实美观、耐贮藏、货架期长是其突出优点,但投产期比国内选出的品种晚 1 年以上。国内品种栽后 2~3 年开始结果,5 年丰产,而海沃德种后 3~4 年开始结果,6~7 年才进入丰产期,所以它不受我国农民的欢迎。该品种每 100 g 果肉的维生素 C 含量在国内条件下只有 40~50 mg,是国内品种的 1/4~1/3;可溶性固形物含量也只有 14% 左右,低于国内多数品种。所以从内在品质而论海沃德不如我国大部分品种。

海沃德果实椭圆形,平均单果重 80~110 g,最大单果重 165 g。果实横切面圆形或椭圆形,外形美观端正。果肩圆,果喙端平,果皮绿褐色,密被褐色长硬毛,难以脱落。果肉绿色,果心(中轴)较大,绿白色,肉汁多甜酸,含可溶性固形物 12%~18%,总糖 9.8%,总酸 1.0%~1.6%,蛋白质 0.11%~1.2%,总氨基酸 4.49%,维生素 C 含量 480~1200 mg/kg。果肉尚未完全软化也可食用,味稍淡,但香气浓,极耐贮藏且货价期长。果实后熟期长,耐贮藏易运输,室温下可贮藏 30 d 左右;低温(2±0.5)℃下,可贮藏 6~8 个月。

该品种长势旺盛,萌芽率低,约为 38%,成枝率 35.7%,果枝率 60%,以长果枝结果为主,长果枝占总果枝的 61.8%,坐果率 75.8%,较稳产。结果枝从结果母枝的中上部萌发,良好的结果母枝能萌发 3~6 枝结果枝。结果枝从结果母枝上可连续抽出 2~4 年,一般着生于第 2~8 节,但在第 3~5 节居多。结果晚,第五年生树平均 13.5 t/hm²,盛果期产量为 22.5~30 t/hm²。

该品种耐贮藏,中国许多地区把其作为主栽品种重点发展。该品种进入结果期晚,味道偏酸,而且果面易形成棱状突起,被称为"海沃德痕迹"。

(2)抗逆性和适应性

① 极不抗风。夏季 5 级以上的风,都会使大量的海沃德春梢被吹折,严重的一个生长季节有一半以上枝条受害。解决办法就是采用"推剪平头"的方式进行夏剪。

② 停长较早。海沃德只长春梢,7 月份高温来临后,枝梢就会收尖停长,侧枝萌发较少,夏

秋季枝梢基本不长,致使同等管理条件下,海沃德封行成园较慢。解决办法是做好秋季施肥,抓住春季肥水供给,促进前期(春季)生长。

③ 光腿卷叶。冬春季气温较低,或上一年秋季施肥不足,翌春萌芽率较低,常常达不到50%,而且春季萌芽后叶片下卷上拱、畸形、筛孔较普遍。解决办法是结果母枝基部环剥,促进花芽分化;合理负载;秋季补充营养;重施有机肥;培养强旺树势;选择中庸枝作结果母枝。

④ 易感叶病。主要是叶斑病,特别是未封行初果幼园发病率高。解决办法是做好清园,休眠期、萌芽后开花前重视喷施保护剂。

2.2.6 金魁

金魁(鄂猕猴桃 1 号)是湖北省农科院果茶所猕猴桃课题组从野生美味猕猴桃优选单株"竹溪 2 号"的实生后代群体中选育而成。1980 年 9 月,该所在湖北省猕猴桃资源调查时,在竹溪县天宝公社建中一队经当地农民报告初选获得"竹溪 2 号"优良单株并采集果实,经实生播种产生实生选育群体,于 1986 年发现该实生群体"Ⅱ-16-11"单株果实大,可溶性固形物含量高,维生素 C 丰富,风味浓郁,且耐贮藏,经过嫁接无性繁殖,子代鉴定,后续多年扩大中试和广泛区域栽培评价,曾于 1988 年和 1992 年获农业农村部优质农产品中心组织的全国猕猴桃品种(系)评比第一名及"希望之光"奖,1993 年通过湖北省农作物品种鉴定委员会审定。2001 年 9 月江西省奉新县选送的"金魁"猕猴桃被农业农村部优质农产品中心评为"优质猕猴桃",2002 年获湖北省人民政府科技进步二等奖。

(1)物候期

3 月上旬萌芽,5 月上旬至 5 月中旬开花,10 月底至 11 月上旬果实成熟。金魁萌芽、开花期较晚,有躲避晚霜冻危害的优势。1998 年 3 月 19—21 日上海受晚霜冻害,金魁比徐香与米良一号品种萌芽期和开花期迟,该年晚霜受冻害相对较轻,其他三个品种均因受冻减产情况下唯有金魁增产。

(2)生物学特性

定植后第二年始果,5 年生每亩产量可达 1500 kg。平均果重约 100 g,最大果重 172 g,果实阔椭圆形,果面黄褐色,茸毛中等密、棕褐色,果喙端平,果蒂部微凹,果肉翠绿色,汁液多,风味特浓、酸甜适中、具清香,果心较小,果实品质极佳,含可溶性固形物 18.5%～21.5%,最高达 25%,总糖 13.24%,有机酸 1.64%,维生素 C 含量 1200～2430 mg/kg,果实耐贮性强,室温下可贮藏 40 d。可溶性固形物和维生素 C 含量大大超过海沃德,早果性、丰产性、果个大小、抗旱能力和适应性也超过海沃德。贮藏性能和海沃德相近但货架期略短于海沃德。主要缺点是果实上有条纵向的沟,不如海沃德美观。

该品种萌芽率中等,为 32%～69.2%,成枝率 88%～100%,结果枝率 78.8%,结果枝主要从结果母枝的第 2～14 节抽生,每枝结果母枝可抽生 2～4 枝结果枝,每枝结果枝可坐果 2～4 个,且多以单果着生。始果早,嫁接苗栽植后第二年开始结果,在一般管理条件下,第三年平均产量可达 18 t/hm²,而在湖北江汉平原肥沃土壤上种植三年生树产量可达 28.5 t/hm²以上。

(3)抗逆性和适应性

① 金魁适应性强,在亚高山(海拔 400～1000 m)、丘陵、平原地均可种植,尤其以亚高山地区表现良好。

② 金魁节间长度较其他品种短,叶面积平均比其他品种小 1/3 左右,但叶片厚度从幼叶起就十分明显,且角质膜厚,叶柄短仅达其他(徐香、米良 1 号、秦美)的 1/2～1/3。表现出叶绿素含量多,制造的养分多,运输距离短,叶片抗逆性强的特点,抗旱、耐涝、抗冻能力较强。

③ 引种至江苏、浙江、安徽、江西、湖南、河南、陕西等地区,在不同的地理环境和生态条件下,均表现出很强的适应性。

2.2.7 金福

金福猕猴桃是由秦岭北麓野生猕猴桃资源中筛选出的优良单株无性繁育而来,其贮藏性好,果实风味佳,有望成为海沃德猕猴桃的更新替代品种进行推广种植。

(1)物候期

金福猕猴桃陕西关中周至地区 3 月上旬伤流开始,3 月下旬至 4 月上旬萌发、展叶、现蕾,5 月上旬开花授粉,花期 5～7 d,10 月中下旬果实成熟采收,果实生长发育期为 160～165 d,11 月中旬、下旬落叶,随后进入冬休眠期。

(2)生物学特性

一年生枝萌发率 86.1%,结果枝占 45%,短缩果枝占 5%,发育枝 5.1%,每果枝结果 3～5 个,结果节位 3～7 节。以长果枝结果为主,平均坐果率高达 99.75%。

金福果实长圆柱形,果皮黄褐色,生有淡灰色硬短毛,果形美观;平均单果重 108 g,最大单果重 149 g,果形指数 1.77,属大果型品种。果肉翠绿,肉细多汁,酸甜可口,香味浓郁;果实软熟时可溶性固形物含量 15.61%,可滴定酸 0.11%,干物质含量 18.99%,维生素 C 含量 172 mg/100 g 鲜果,各项指标综合比较,显著优于对照晚熟品种海沃德,充分成熟的果实,硬果削皮可食,相似于即食型品种。亩产量 2000～2500 kg。果实耐贮运,自然条件下货架期 30～50 d,有利于冷藏后错峰销售,拉开销售期。也由于其晚熟,贮藏时降温快,冷藏成本也低。为充分发挥其品种优势,可以视气候条件适当晚采,进一步提高品质。

(3)抗逆性和适应性

① 对溃疡病抵抗力弱。近几年大面积栽培实践表明,金福对溃疡病抵抗力较弱,易感溃疡病,严重影响其面积、产量的提升。

② 生长势强,单枝生长量大,萌芽率低。金福生长强旺,1 年生枝蔓基部粗度可达到 1.5 cm 以上,枝条连续生长长度可达 2～3 m。基部芽相对瘪小,萌芽率低,易造成内膛光秃,结果部位外移现象。

③ 9 月落果。金福猕猴桃 9 月份左右会发生一定程度的落果现象,影响产量的提高及效益的发挥。

2.2.8 哑特

"哑特"又名"周园一号",由陕西省周至县猕猴桃试验站选出的晚熟鲜食品种。

"哑特"果实短圆柱形,果皮褐色,密被棕褐色糙毛;平均单果重 87 g,最大单果重 127 g;果肉翠绿,肉质较细,富含汁液,软熟后甜中带酸,适口感强,具有香味;可溶性固形物含量 15%～18%,果实维生素 C 含量为 150～290 mg/100 g 鲜果肉。果实较耐贮藏,常温下可存放 1～2 个月,货架期为 20 d 左右。

该品种植株生长健壮,适性、抗逆性强,耐旱、耐高温、耐瘠薄、耐干燥气候。以中、长果枝为主,结果枝多着生在结果母枝第 5～11 节,虽然早果性较差,但进入结果期后丰产性强,没有明显的大小年现象。

一般 5 月中旬开花,10 月上旬成熟。因其丰产、好吃、抗性强,冬季修剪宜采用"多芽少枝"修剪技术修剪。被陕西省定为新近推广的品种。

2.2.9　米良 1 号

米良 1 号由湖南吉首大学选育而成,来源于 1983 年 10 月在湖南省湘西凤凰县米良乡发现的优株。吉首大学的科研人员于 1985 年 2 月采优株枝条进行扦插、嫁接繁殖,1987 年进行果实评价筛选,1989 年 10 月通过省级品种鉴定。

(1)物候期

在湖南吉首市,伤流期 3 月 4—6 日,展叶期 3 月 29 日—4 月 3 日,现蕾期 4 月 1—5 日,初花期 5 月 2—6 日,终花期 5 月 11—16 日,果实成熟期 10 月上旬,落叶期 12 月中旬,营养生长期 240～250 d。

(2)生物学特性

该品种植株生长势旺,萌芽率 78％左右,成枝率 98.7％～100％,果枝率 90％～100％,花单生或序生,成花容易,结果早,在雄株充足的情况下,自然授粉坐果率 90％以上。

该品种早果性强,定植后第二年即开花结果,4 年生每亩产量可达 1500 kg。

米良 1 号果实大小都超过海沃德和秦美,纵径 7.5～7.8 cm,横径 4.6～4.8 cm,平均果重 86.7 g,最大果重 170.5 g。

丰产稳产,栽植第二年普遍挂果,第五年产量 24 t/hm²。耐贮性好,果实采摘后常温下可存放 1 个月。

果实长圆柱形,果皮棕褐色,被长茸毛,果喙端呈乳头状突起;果肉黄绿色,软熟(硬度 2.31 kg/cm²)果实可溶性固形物 16.04％,总糖 9.55％,总酸 1.41％,固酸比中等 11.38,维生素 C 含量 1411.1 mg/kg。果实耐贮性好,在室温下可贮藏 20～30 d,贮藏性与秦美相近,但不如海沃德耐贮性强。

(3)抗逆性和适应性

① 该品种最适于在海拔 300～900 m 的区域栽种,因该品种坐果率高,应特别注意疏花疏果。

② 很少病虫危害,抗旱性强,果实抗日灼病,很少生理落果。

③ 米良 1 号是近年来在长江流域及其以南地区迅速推广的品种,据该品种选育者估计全国栽培面积约 4000 hm²,主要分布于湖南、贵州、四川、湖北、浙江、上海等省市。

2.2.10　农大郁香

农大郁香由西北农林科技大学从徐香的实生后代中选育的新品种,2016 年 12 月通过陕西省果树品种审定委员会审定。

(1)物候期

在陕西关中地区 2 月下旬伤流,3 月上旬芽开始萌动,4 月下旬为盛花期,开花期比徐香早

5 d,比海沃德早 10 d。新梢 4 月上旬迅速生长,6 月中旬进入缓慢生长期,9 月上旬停止生长。10 月初果实采收,发育期为 155～160 d。

（2）生物学特性

一年生枝粗度中等,阳面深褐色,表皮粗糙,新梢茸毛密,糙毛。萌芽率 70.6%～75.3%,成枝力 84.5%～88.8%,以长果枝结果为主。第 3 年开始结果,成龄树株产 30 kg 左右。

果皮褐色,果面被有粗糙茸毛,果实为长圆柱形,平均纵径 7.2 cm,横径 5.1 cm,平均单果质量 110 g,最大 160 g。果肉为黄绿色,果心较小,果肉质细,风味香甜爽口。含可溶性固形物 18.8%,总糖 11.2%,总酸 1.04%,维生素 C 含量 2.52 mg/g。后熟难易程度中,果实后熟期 30～40 d,后熟后果皮易剥离,室内常温下存放 35 d 左右,在(1±0.5)℃贮藏条件下,可存放 150 d 左右。单果质量比对照徐香重 40～60 g,品质与徐香相近。

（3）抗逆性和适应性

① 抗逆性强,特别耐高温干旱。冬季气温 -15 ℃以上无需防护,低于 -15 ℃时需要树干涂白,绑扎透气性覆盖物等进行树干越冬保护。

② 缺点是果型类似于亚特中间细两头粗,成花能力也比较差。

③ 最适宜陕西关中及类似生态区域栽培,也可在秦岭以南地区栽培。在具有排灌条件的轻壤、中壤及沙壤土质,土层在 1 m 以上,土壤 pH 6.5～7.5,有机质含量在 1%以上,年降雨量 500～1000 mm 区域均适宜栽植。目前已经引进成功栽培的区域包括山东青岛、江苏南京和河南西峡等地。在气候比较冷凉的地区如山东青岛、陕西关中北部等地表现果形指数更高,畸形果更少,芳香味更浓。

2.2.11 贵长

贵长原代号是黔紫 82-3,是 1982 年贵州省果树研究所在贵州紫云县野生资源调查时发现的优株,因果实细长而得名。

（1）物候期

在贵阳地区,伤流期 2 月下旬至 3 月上旬,萌芽期 3 月中旬,展叶期 3 月下旬,新梢开始生长期 3 月下旬,新梢停止生长期 10 月下旬,现蕾期 4 月 15 日,初花期 5 月 14—16 日,盛花期 5 月 17—20 日,终花期 5 月 21—24 日,果实成熟期 10 月下旬至 11 月上旬,落叶期 11 月下旬至 12 月下旬。

（2）生物学特性

植株树势强,新梢生长旺盛,萌芽率为 67.63%,成枝率为 61.36%,结果枝率为 92.43%。结果早,丰产性能好,嫁接在五年生砧木上,第二年即可结果,平均株产 5.6 kg,最高株产 7.5 kg;第五年进入盛果期。

贵长果实长圆柱形,果皮褐色,有灰褐色较长的糙毛,果实纵径 8.3 cm,横径约 5.0 cm,侧径约 4.1 cm,平均果重 84.9 g,最大重 120 g,果喙端椭圆形凸起,果柄长 2.6 cm。果肉淡绿色,肉质细、脆,汁液较多,甜酸适度,清香可口,可溶性固形物含量 12.4%～16%,总酸 1.45%,维生素 C 含量 1134.3 mg/kg,是鲜食与加工兼用品种。

（3）抗逆性和适应性

① 抗病虫性较强,抗低温、干旱和裂果。

② 在海拔 800～1500 m 的范围内,无论平地、山地和坡地栽植生长结果均良好。

2.2.12　华美 1 号

华美 1 号由河南省西峡猕猴桃研究所从西峡县米坪乡野牛沟村野生群体中选育。1984年通过河南省科委技术鉴定,1992 年农业农村部中华猕猴桃开发联合体优良品种奖,2000 年通过河南省林木良种审定委员会审定,命名为"豫猕猴桃 1 号"。

(1)物候期

在西峡地区,芽膨大期在 3 月中旬,萌芽期 3 月下旬,展叶期 4 月初,开花期 5 月上中旬,果实迅速生长期 5 月下旬至 8 月底,成熟期 10 月下旬,落叶期 11 月底至 12 月初。

(2)生物学特性

华美 1 号果实长圆柱形,果面密生刺状长硬毛,果肉单绿色,平均单果重 60 g 以上,最大果重 110 g,含可溶性固形物 12.8%,总糖 7.43%,总酸 1.52%,维生素 C 含量 150 mg/100 g,酸甜适口,富有芳香,贮藏性强。

该品种生长势旺、枝条健壮、结果早、丰产稳产,5 年生树平均株产 26 kg,最高株产 64 kg。特别是果实呈圆柱形,鲜食及加工切片俱佳,切片利用率高。

(3)抗逆性和适应性

该品种抗逆性强,抗寒、抗旱、抗日灼,少有病虫危害。

2.2.13　华美 2 号

华美 2 号原代号豫猕猴桃 2 号、86-5-1,是河南省西峡猕猴桃研究所从西峡县米坪乡石门村野生群体中选育而成。1986 年经群众报优,在米坪乡石门村瓦房组观音堂野生猕猴桃中选出优株 86-5-1,采集该优株接穗进行高接鉴定,经多年对主要性状观察和果实品质鉴定,1999年 6 月通过河南省科委成果鉴定,命名为华美 2 号。2000 年 10 月通过河南省林木良种审定委员会审定,更名为豫猕猴桃 2 号。

(1)物候期

在河南省西峡县,华美 2 号 3 月上旬树液开始流动,3 月下旬萌芽,4 月上旬展叶,5 月上中旬开花,果实生长期 5 月中下旬至 8 月中下旬,9 月上中旬果实成熟,11 月底及 12 月初落叶。

(2)生物学特性

该品种植株生长势强,花单生或聚伞花序,成花容易。结果早,嫁接第二年开花结果,以中长果枝结果为主,结果部位在第 1～3 节,每结果枝一般坐果 2～6 个,结果母枝萌发率高,稳产性好。

华美 2 号果实长圆锥形,黄褐色,密被黄棕色硬毛,果实大,平均果重 112 克,最大果重205 g。果肉黄绿色,肉质细,果心小,汁液多,酸甜适口,富有芳香味。果肉含可溶性固形物9.5%～14.6%,总糖 6.90%～8.88%,总酸 1.73%,维生素 C 含量 1652.3 mg/kg,果实耐贮藏,果实在常温下可存放 30 d,不后熟。

该品种综合遗传性状稳定,系美味猕猴桃中最早熟、果个最大,也较美观、整齐的品种,已作为优良品种大面积推广,目前成为西峡的主栽品种。

(3)抗逆性和适应性

① 多雨季节无早期落叶,干旱季节极少发生萎蔫现象。其弱点是果实近熟时期如遇干

旱、缺水或在管理不善的条件下有早落果现象。

② 抗病性强。

2.2.14 秦红

此品种 2014 年由陕西省安康市农业科学研究院猕猴桃团队在陕西省安康市石泉县云雾山 1 个野生单株优选而得。美味猕猴桃变种彩色猕猴桃,2020 年通过陕西省果树品种审定委员会审定。

(1)物候期

在陕南地区,一般 2 月上旬树液开始流动,3 月上旬萌芽,4 月上中旬展叶现蕾,4 月下旬开花,5 月上旬幼果形成,10 月下旬果实成熟,果实生育期 172 d,12 月中旬落叶。

(2)生物学特性

树势中等偏强,树冠紧凑,枝条健壮,萌芽率 61.4%,成枝率 88.2%以上,以长果枝和中果枝结果为主。长结果母枝着生结果枝 5~7 个,每个结果枝着生雌花序 5~6 个,座果 4~6 个,坐果率 93.4%;中结果母枝着生结果枝 1~3 个,每个结果枝着生雌花序 3~5 个,坐果 2~4 个,坐果率 90.1%。

平均单果重 92.5 g,最大单果重 130.3 g。果实长圆柱形,平均纵径 7.32 cm,横经 4.36 cm,果形指数 1.68。成熟后果面棕褐色,果脐有少量浅褐色茸毛,梗洼平齐,果皮较厚。果肉绿白色,果心周围呈鲜艳放射状红色,肉质细腻,香甜爽口。果实可溶性固形物含量 18.4%,总酸含量 1.01%,总糖含量 14.0%,维生素 C 含量 151.8 mg/100 g,总酚含量 186.2 mg/100 g,总黄酮含量 46.4 mg/100 g。

果实较耐贮藏,采摘后在常温条件下可存放 60 d 左右,在 1~3 ℃冷库可存放 150~180 d。果实后熟期 18 d 左右,软熟果在常温下可存放 20 d 左右,低温下可存放 40~60 d。

2.2.15 农大猕香

农大猕香是从徐冠实生后代中选出的猕猴桃新品种。2015 年 3 月通过陕西省果树品种审定委员会审定。

(1)物候期

在陕西关中地区,农大猕香 2 月下旬伤流开始,3 月下旬萌芽,4 月初展叶、现蕾,4 月 25 日前后盛花期,较徐香早 3~5 d,10 月中下旬果实成熟,果实发育期约 175 d。10 月下旬开始落叶。

(2)生物学特性

农大猕香生长势强。萌芽率 72.6%~79.3%,成枝率 82.5%~89.8%。以长果枝结果为主,长果枝占 70.6%,中果枝占 20.4%,短果枝占 9.0%。长果枝从基部第 2~3 节开始抽生花序 4~5 个,多为单生,坐果 3~5 个,坐果率 95%;中果枝抽生花序 2~3 个,坐果 1~3 个,坐果率 92%;短果枝抽生花序 1~2 个,坐果 1~2 个,坐果率 91%。

嫁接苗定植后第 2 年开始结果,丰产,无采前落果现象。该品种平均单果质量 98 g,最大果质量 156 g,大小整齐一致。果实长圆柱形,平均纵径 7.35 cm,横径 4.49 cm,果形指数 1.63。果皮褐色、有茸毛、较短,果顶平。软熟后果肉黄绿色,果心较小,质细,风味香甜爽口。

可溶性固形物含量 13.9%～17.9%,总糖含量 12.5%,总酸 1.67%。果实较耐贮,常温下可放 1 个月,冷库(1～2 ℃)可贮藏 4～6 个月。

该品种生长势强,嫁接苗定植后第 2 年开始结果,丰产,无采前落果现象。在陕西关中地区,2 月下旬伤流开始,3 月下旬萌芽,4 月初展叶、现蕾,4 月 25 日前后盛花期,10 月中下旬果实成熟,果实发育期约 175 d。10 月下旬开始落叶。

定植嫁接后第 2 年开始结果,第 4 年后产量可达 20000 kg/hm^2,具有优质、早果、丰产等特点。

(3)抗逆性和适应性

① 农大猕香抗病虫。从 2006 年以后观测,多年树体和叶片未发现病害症状。

② 抗寒能力强。在目前推广栽植的地区尚未发生过树体有冻害。适宜在陕西关中地区及类似生态区种植,也可在秦岭以南地区栽培。

③ 口感不如徐香,优于海沃德和秦美,味淡,优点是产量极高,是一个可以做数量的品种,缺点是用膨大剂果型变化太大。

2.2.16　金香

金香原代号 95-1,是陕西省眉县园艺站与陕西省果树研究所等单位 1995 年从苗圃实生苗中偶然发现的一种晚熟优株,经过多年选育推广,2004 年 3 月通过陕西省果树品种审定委员会审定。

(1)物候期

在陕西眉县地区,3 月中旬萌芽,5 月上、中旬开花,果实 9 月中旬成熟。11 月中下旬落叶,整个生育期 240 d 左右。

(2)生物学特性

植株树势强健,萌芽率 71.3%～77.2%,成枝率 85.6%～91.4%,结果枝率 89.2%～92.3%,以中果枝结果为主,中果枝占总果枝 58.2%～62.5%,着果部位 3～8 节,单花率 80.5%。

果实椭圆形,果形美观整齐,大小一致,梗洼浅,果顶凹陷,果实黄褐色,被金黄色短绒毛。平均单果重 90 g,最大单果重 116 g,果肉绿色,细腻,汁多,风味酸甜,清香可口,含糖量高,含可溶性固形物 14.3%～14.6%,总糖 9.27%～12.3%,维生素 C 含量 713.4 mg/kg。果实耐贮藏,货架期长,常温下可贮藏 20 d 以上,低温下果实可存放 5 个月。

(3)抗逆性和适应性

① 花期需要放蜂或人工辅助授粉,提高坐果率。

② 植株适应性强,抗黄化能力优于秦美,枝条抗溃疡病能力优于秦美和海沃德,适宜在长江以北猕猴桃生产区栽培发展。

2.2.17　红美

1997 年 9 月,四川省自然资源研究所和苍溪猕猴桃研究所等单位从野生美味猕猴桃实生苗中发现果实有毛、果肉沿中轴部分呈现放射状红色条纹、口味较好的美味猕猴桃变种彩色猕猴桃,2004 年 10 月通过四川省农作物品种审定委员会审定,并正式定名为红美,为美味系唯一红心猕猴桃品种。

（1）物候期

在四川省北部海拔1000 m山区，伤流期2月中旬至2月下旬，芽萌动期3月上旬，抽生春梢4月上旬，展叶期4月中旬，现蕾期4月上旬至中旬，开花期5月上旬至中旬，花期7～10 d。6月中旬果皮着色，6月下旬至7月上旬果肉变红，9月中旬种子变黑，10月上旬果实开始成熟，10月中旬采收，果实发育期约150 d。12月开始落叶，年生育期约270 d。

（2）生物学特性

树势强健，1年生枝长可达6 m，成枝力强。以中、短果枝结果为主，花芽起始节位1～2节，多为第2节，花量大，坐果率高，无生理落果现象。嫁接苗定植后第2年有少量植株结果，第3年可全部结果，第4～5年可进入盛果期，每株结果200个左右，株产约15 kg，每亩产量1500 kg左右。

果实圆柱形，纵径6.09 cm，横径4.65 cm，侧径4.04 cm；平均单果重73 g，最大单果重100 g，果皮黄褐色，密生黄棕色硬毛，果顶微凸，少数有纵向缢痕，整齐。果肉7月初开始变红，种子外侧果肉红色，横切面红色素呈放射状分布，可直达果实两端；肉质细嫩，微香，口感好，易剥皮。平均每个猕猴桃果实有种子668粒，种子千粒重1.245 g，可溶性固形物含量19.4％，总糖含量12.91％，总酸含量1.37％，维生素C含量1152.00 μg/g。果实比当地主栽品种川猕1号大，风味品质优于川猕1号，可溶性固形物含量比川猕1号高，果实性状明显优于当地主栽品种川猕1号。

（3）抗逆性和适应性

① 红美抗病虫害能力较强，栽培中尚未发现较严重的病虫害。

② 对旱、涝、风的抵抗力较弱，花期怕阴雨和大风，倒春寒对花期的影响大。

2.3 中华猕猴桃主栽品种及生物学特性

中华猕猴桃在形态上表现为枝条和果实表面无硬质刺毛，幼果期薄被白色茸毛，且早落，成熟时容易脱净或尚带柔软茸毛，果肉一般黄绿色，不及美味猕猴桃色绿。果实维生素C含量较高，但贮运性较差。树势中庸，结果一般以短、中枝为主，投产早，产量高，较早熟。

其主栽品种有红阳、东红、早鲜、魁密、庐山香、金丰、怡香、素香、金桃、武植3号、通山5号、翠玉、赣猕5号、金阳1号等。

中华猕猴桃生长旺盛，叶大而稠，因而对水分及空气湿度要求严格。中华猕猴桃在年平均气温10 ℃以上的地区可以生长。生长发育较正常的地区，年平均温度15～18.5 ℃。7月平均最高气温30～34 ℃，夏季高温干旱，空气过于干燥时叶片呈茶褐色、叶小黄化，甚至凋落，新梢会停止生长。1月平均最低气温4.5～5 ℃，无霜期210～290 d；要求空气相对湿度在70％～80％，年降雨量1000 mm左右，不耐涝，长期积水会导致萎蔫枯死；喜光，但怕暴晒。对光照条件的要求随树龄而异。野生成年树虽喜阴湿，但又要攀缘于树干高处，接受阳光，方能生长强壮，开花结果如强光暴晒，则会使叶缘焦枯，果实患日灼病。野生群主要分布在我国的陕西（南部）、河南、安徽、江苏、浙江、湖北、湖南、江西、广东（北部）、广西（北部）、福建和台湾等省海拔200～600 m低山区的山林中。适合在海拔较低，气候温暖湿润的地区种植，主要在秦岭以南及长江流域栽培，种植面积较小。

中华猕猴桃喜土层深厚、肥沃、疏松的腐殖质土和冲积土。最忌黏性重、易渍水及瘠薄的土壤,对土壤的酸碱度要求不严,在酸性及微酸性土壤上生长较好(pH 5.5～6.5),在中性偏碱性土壤中生长不良。

2.3.1　红阳

红阳猕猴桃是四川省自然资源研究所和苍溪县农业局从自然实生群体后代选出的优良红肉品种,1997 年通过四川省农作物审定委员会审定。世界上红肉猕猴桃近年来的栽培情况是:新西兰占总面积的 81%,意大利占 95%,智利 97%,中国 65%。

(1)物候期

在成都海拔 540 m 左右种植区,2 月上旬开始伤流期,2 月下旬芽萌动期,3 月上旬展叶期,4 月上、中旬开花期,4 月下旬为坐果期,6 月下旬至 8 月上旬为种子周围果肉变红色期,7月下旬种子变深棕色,9 月中旬为果实成熟期。11 月下旬至 12 月上旬为落叶期。果实的生长发育期为 150 d 左右,整个营养生长发育期为 250～270 d。

(2)生物学特性

植株树势较弱,萌芽率高,为 85%,成枝率较弱,单花为主,结果枝多发生在结果母枝的第1～10 节,果实着生在结果枝的第 1～5 节,每果枝结果 1～4 个,最多 5 个,平均 1.06 个,以短于20 cm 长的短果枝结果为主,占 90%,20～40 cm 的中果枝 5%,40 cm 以上的长果枝占 5%。在授粉充足的情况下,可达 90% 以上,早产丰产性强,定植后第一年 30% 以上的植株就能开花结果,第二年全部结果,第四年进入盛产期,单产可达 15 t/hm² 以上。生理落果现象不明显。

果实长圆柱形兼倒卵形,中等偏小,纵径 4.2 cm,横径 4.0 cm,平均单果重 68.8～92.5克,果喙端凹,果皮绿色或绿褐色,茸毛柔软易脱落,皮薄。果肉黄绿色,果心白色,子房鲜红色,沿果心呈放射状红色条纹,果实横切面呈红、黄、绿相间的图案。果肉可溶性固形物含量16.0%～19.5%,总糖 8.97%～13.45%,有机酸 0.11%～0.49%,鲜果肉中维生素 C 含量为1358～2500 mg/kg,肉质细嫩,口感鲜美有香味。果实较耐贮藏,采后 10～15 d 后熟。

(3)抗逆性和适应性

① 该品种适宜在冷凉气候、湿度较大的中低海拔区域栽培,要求年均气温 13～16 ℃,夏季 7～8 月月平均气温在 27 ℃ 以下,年降水量 1000～1500 mm,土壤要求偏酸性。

② 早果丰产性能强。嫁接苗定植后第二年有 90% 的植株开花结果,第三、四年可进入盛产期,比海沃德品种早 2～3 年结果。

③ 该品种抗药性较弱,在防治病虫害时应慎重使用农药,避免遭受药害。

④ 该品种抗病性较弱,特别是易感染溃疡病。在同等生态条件下。避雨大棚可以预防90% 以上的猕猴桃溃疡病,但大棚里高温高湿很容易造成果腐,口味明显偏淡,猕猴桃原有的香味减弱。

⑤ 该品种不抗夏季高温,易受夏季温度和湿度的影响,在夏季高温干旱的区域种植(7-8月平均气温超过 27 ℃)和干旱年份,果肉红色减退或消失,果实生长受阻。

⑥ 抗旱能力比其他品种弱。在持续高温、干旱情况下易造成叶枯、落叶、落果。

2.3.2　东红

东红猕猴桃是武汉植物园培育出来的红肉猕猴桃品类的新秀,2016 年获得新品种权。

(1)物候期

在武汉地区东红2月中旬树液开始流动,2月下旬萌芽,3月上中旬展叶和现蕾,4月上中旬开花,花期4～5 d,4月中旬坐果,7月上旬第一次新梢停止生长,4月下旬至6月上旬为果实迅速膨大期,9月上、中旬果实成熟(以果实采收时可溶性固形物含量6.5%～7%为成熟指标),果实生育期约140 d。

(2)生物学特性

东红品种树势较旺,其萌芽率71.8%,成枝率100%,果枝率88.0%,坐果率94.8%。平均每果枝有花序5～9个,在结果枝的1～9节,幼树以单花为主;成年树以三花和单花为主,三花和单花分别占42.6%、45.6%左右。嫁接苗定植第三年每亩产量超过300 kg,第四年每亩产量超过1000 kg,最高每亩产量可达1800 kg。

果实长圆柱形,果顶微凸或圆,果面绿褐色,中等大小,果实平均质量65～75 g,最大112 g。果肉金黄色,果心四周红色鲜艳,色带略比红阳窄;可溶性固形物含量15.0%～20.7%、干物质17.8%～22.4%、总糖10.8%～13.1%、可滴定酸1.1%～1.5%、维生素C 1130～1600 mg·kg^{-1}。

果实极耐贮藏,经常温和低温贮藏试验表明,果实采后30～40 d以后才开始软熟,果实微软时就可食用,食用期长,均在15 d以上。以贮藏温度1～2 ℃最佳,贮藏122天好果率98%、162天好果率89.63%,202天好果率仍有73.13%。

(3)抗逆性和适应性

① 在同一个地方栽培,其产量要比红阳猕猴桃的产量高,而且东红猕猴桃的果实更耐贮存,常温下可摆放大约40 d,果实软熟后还能够摆放15 d。

② 东红的抗溃疡病的能力远比红阳强,耐热、耐旱。

③ 在湖北武汉和湖南桂阳等夏季高温干旱地区种植,东红比红阳的树势更强,果肉红色鲜艳,而红阳的果实生长受阻,果肉红色消褪。

④ 与红阳猕猴桃果实相比,东红猕猴桃的果实更早熟,一般8月底便陆续能够采摘上市。

2.3.3 Hort16A

Hort16A是1991年由新西兰园艺与食品研究院杂交选育而成,1993年申请植物品种权,1996年开始大面积种植。

(1)物候期

在新西兰,该品种于8月14日(北半球2月12—18日)现蕾,10月11日(北半球4月18—26日)开花,萌芽和开花比海沃德约早一个月,当果肉色度角(h)降至103°或以下时采收,此时果肉硬度为4～5 kg或稍低,干物质在18%～21%,可溶性固形物大于10%。

在陕西省周至县气候条件下,发芽期在3月15日左右,开花期在4月20日前后,开花期集中,开花后3 d开始坐果,坐果后果实生长,在花后20 d内生长非常迅速,随后生长减缓,直到气温达到35 ℃之前,生长量可达75%,果重可达100 g以上,气温35 ℃以后,随着高温季节的到来,果个几乎停止生长,枝条生长加快。进入秋季9月10日后,气温下降到35 ℃以下,开始第二次迅速生长期。生长量占25%左右,直到采收前一月前,停止生长。

在安康引种园伤流期2月10日至4月20日,萌芽期3月10—20日,展叶期3月20—30日,现蕾期4月12—18日,开花期4月20—26日;第1次幼果膨大期4月29日至5月30日,第 2 次果实膨大期 8 月 10 日至 9 月 10 日,采收期 9 月 20—30 日;落叶期 11 月 10—20 日,冬眠期 11 月 20 日至翌年 2 月 10 日。物候期年度间相差 5～7 d。

（2）生物学特性

Hort16A 植株生长势旺,初生枝和次生枝都很旺盛,萌芽率高达 90.5%,成枝率 91%,枝蔓较直立,嫁接苗定植后 2 年即可形成结果的冠幕。极易形成花芽,结果母蔓上自基部第 2～22 节均能分化花芽,花单生,以短果枝蔓结果（5～10 cm）为主,并具较强的连续结果能力,果枝率 90%～98%,自然着果率可达 90% 以上,果实生产率高。在新西兰,种植者在使用生物促进剂的情况下,每公顷的产量可达 30～36 t。

果实卵形或倒卵形,果实顶部凸起,果喙较长,果面茸毛柔软、褐色,易脱落。平均单果重 80～105 g,可溶性固形物含量 16%～21%,维生素 C 含量 120～150 mg/100 g,干物质含量 17%～19%,果肉黄色至金黄色,味甜具芳香,肉质细嫩,风味浓郁。

果实贮藏性中等,冷藏（0±0.5）℃条件下可贮藏 12～16 周,在 20 ℃时,果实货架寿命约 3～10 d。果实食用硬度在 1.0～1.5 kg,风味明显有别于海沃德。最佳的贮藏温度应在（1.5±0.5）℃。

该品种树势旺,初生枝和次生枝都很旺盛,萌芽率高达 91.6%,成枝率 100%,果枝率 95%～100%,极易形成花芽,结果母蔓上自基部第 2～22 节均能形成结果枝,花单生,以短果枝（5～10 cm）结果为主,并具较强的连续结果能力。坐果率可达 90% 以上,果实生产率高。

（3）抗逆性和适应性

① 黄金果猕猴桃在昆明地区种植能正常生长、开花和结果,且表现适应性较强的特性。

② 在陕西安康市栽培适应性较陕西关中的眉县、周至强,可以适应安康市海拔 200 m 以上区域的不同土壤类型。

③ 由于易发生二次枝,生长势较强,栽培过程易出现果园密闭、枝条成熟度差等问题,导致耐寒力差,抗冻力不强,在安康栽培未出现冻死植株和地上茎现象。

④ 抗溃疡病、枝腐病能力不强,栽培中要注意防控这两种病害。

2.3.4　碧玉

碧玉猕猴桃又名泰山一号,自当地引进猕猴桃中经多年改良,逐渐形成的新品种。2013 年山东省林科院淄博分院专家将其命名为博山碧玉。

（1）物候期

在山东西部（曲阜）,碧玉猕猴桃花芽萌动期 4 月 5—8 日,4 月 15—20 日始花,4 月 25 日左右盛花,5 月 2 日之后开始谢花,8 月中旬至 8 月底果实成熟,12 月初开始落叶。果实发育期 140 d 左右。

（2）生物学特性

该品种果实椭圆形,成熟时果皮黄褐色,富有光泽,表皮绒毛极短且不易脱落,果脐小而圆并向内收缩,平均单果重 100～150 g,最大单果重 200 g。果肉翠绿,平均可溶性固形物含量 13.6%,完熟后可高达 19.6%。总糖含量 17.8%,通常采摘后需 5～7 d 的后熟期软化口感最佳。猕猴桃幼树定植后第 2 年开始少量结果,5 年生树平均单株产量 22.7 kg,每亩产量 2499 千克,无明显大小年结果现象。果实耐贮性较好,常温下可贮藏 10～20 d,低温 1～2 ℃条件下可贮藏 100 d 左右。

(3)抗逆性和适应性

耐寒性强,适应山东寒冷的气候,冬天零下 20 ℃也不会冻死的树。在河北省邢台柏乡县、临城县引种,在－24 ℃低温条件下可安全越冬。

2.3.5 金农 1 号

金农 1 号(鄂猕猴桃 2 号)是由湖北省农业科学院果茶研究所于 1985 年从中华猕猴桃实生苗中选育而成,2004 年 5 月由湖北省农作物品种审定委员会审定,2008 年 5 月通过中华人民共和国农业农村部植物新品种保护权。

(1)物候期

在湖北省武汉地区,金农 1 号芽萌动期 2 月 28 日—3 月 5 日,展叶期 3 月 5—20 日,现蕾期 3 月 10—20 日,开花期 4 月 5—14 日,果实成熟期 8 月中下旬,在 9 月下旬采收,落叶期为 12 月中旬。果实生育期约 120 d。金农 1 号的芽萌动期、展叶期、现蕾期、开花期均比对照品种金魁、金阳早,果实成熟期比金魁(10 月中下旬成熟)早 2 个多月、比金阳(9 月上旬成熟)早 20 多天,能尽早抢占市场。

(2)生物学特性

该品种萌芽率为 81.51%,成枝率 85.30%,结果枝占 75.24%,结果系数 2.51。该品种以中短果枝结果为主,平均每果枝坐果 2～5 个,多以单果着生,果枝从结果母枝的第 4～8 节抽生,1～4 节为主要坐果节位。平均每根结果枝成花 4.33 朵,坐果 2.67 个,坐果率 61.6%。

金农 1 号果卵圆形,平均果重 80～100 g,最大果重 161 g,果皮薄,绿褐色,无毛光洁。果顶微凸,果底平,果肉金黄色。果实含可溶性固形物 14%～16%,总糖含量 6.93%～8.90,总酸含量 1.25%～1.68%,维生素 C 114.6～158.4 mg/100 g。3 年生树每亩产量可达 1074 kg。果实常温下可贮藏 10～15 d,冷藏条件下可贮藏 30 多天。

果实外观上优于新西兰近年来推出的猕猴桃新品种 Hort16A,其他主要经济性状达到或超过 Hort16A。

(3)抗逆性和适应性

① 抗旱、抗热、抗风力较强。在武汉栽培,即是在高温干旱、干热风等恶劣环境中,只要管理正常,一般仍能正常生长结果;1994 年 6 月 24 日至 9 月 1 日,上海 35 ℃以上高温日累计 18 天,最高温度 39.2 ℃。期间 6 月 25 日至 8 月 8 日共 43 天未降雨。持续高温干旱,造成秦美、格雷西(Gracie)、华美 2 号和海沃德等 4 个品种严重落叶和采前落果,采前落果高达 38.94%～53.22%,而金农一号仅 13%,表现出极强抗的旱性,这与其叶片小而厚,蜡质层厚,枝梢生长量适中,有利于形成较大叶面积提高光合作用产物关。

② 金农 1 号有较强的抗病虫能力。

③ 果实、叶片抗高温日灼能力较强。

④ 适宜黄河以南海拔在 1000 m 以下的地区,包括陕西南部、四川东部、河南南部、广东广西以北以及湖北、湖南、江西、安徽、上海、江苏、浙江及福建等土壤疏松肥沃、呈微酸性、排灌方便、交通便利的地区和城市近郊发展。

2.3.6 脐红

脐红是西北农林科技大学猕猴桃试验站、宝鸡市陈仓区桑果工作站、眉县园艺工作站和岐山县猕猴桃开发中心 4 个单位于 2002 年在石溪镇党家堡村九组猕猴桃示范园中发现的 1 棵变异优株。2003—2005 年，经多点观察研究，其遗传性状稳定、生长发育和经济性状表现突出，认为属于红肉型中华猕猴桃新优系。2006—2011 年，分别在陈仓、岐山、眉县等地对此进行了多点区域试验。经过对该优株系 10 年的田间试验观察和连续 6 年的多点生产区域试验，2012 年 1 月通过陕西省果树品种审定委员会审定。

（1）物候期

陕西关中地区，脐红 2 月中下旬伤流开始，3 月下旬萌芽，4 月初展叶现蕾，4 月下旬开花，开花 10 d 后开始坐果，5 月中旬幼果形成，9 月中旬果实成熟，果实生长期为 150 d 左右，11 月中下旬开始落叶，随后进入休眠期。

（2）生物学特性

该品种 1 年生枝萌芽率 83.6%～89.3%，成枝率 87.5%～94.8%，结果枝率 91.2%～96.5%。其中，长果枝占 71.6%，中果枝占 20.3%，短果枝占 8.1%。一般结果枝从基部第 2～3 节开始着果，每个结果枝着生 1～5 个雌花序。

脐红果实近圆柱形，平均纵径 5.83 cm，横径 4.95 cm，平均单果重 97.7 g。果个大于红阳，大小整齐一致，果顶萼凹处有明显脐状凸起，果皮军绿色，果面光净。软熟后果肉为黄或黄绿色，果心周围呈鲜艳放射状红色，质细多汁，风味香甜爽口。含可溶性固形物 19.9%，含总糖 12.56%，总酸 1.14%，维生素 C 含量 188.1 mg/100 g。果实后熟期 22～32 d，室内常温下存放 30 d 左右，在（0±0.5）℃贮藏条件下，可存放 180 d 左右。

（3）抗逆性和适应性

① 该品种适应性广，在冬季气温不低于－13 ℃，无霜期 200 d 以上，具有排灌条件的轻壤、中壤及沙壤土质，土层在 1 m 以上，土壤 PH 值为 6.5～7.5，有机质含量在 1%左右，年降雨量 500～900 mm 的地区均适宜栽植。

② 适宜秦岭以南及类似生态区栽培，也可在陕西秦岭北麓不容易发生冻害的区域栽培。

2.3.7 金桃

金桃是中国科学院武汉植物园于 1981 年在江西武宁县发现的野生中华猕猴桃优良株系武植 81-1 中选出的变异单系。2001 年在欧盟申请品种权（品种名"Jintao""金桃"），保护期至 2028 年 12 月 31 日；在美国、日本、新西兰、南非、以色列、巴西、韩国等申请品种权保护或品种专利；2001 年以品种繁殖权有偿使用方式授权意大利 Kiwigold 公司进行商业化繁殖及栽培；2005 年 12 月通过国家林木品种审定委员会审定，定名金桃。多年来，通过国内外栽培，表现出优异的综合商品性状，已经成为国内外广泛栽培的黄肉猕猴桃新品种。

（1）物候期

在湖北武汉，3 月上、中旬萌芽，4 月下旬至 5 月初开花，9 月中、下旬果实成熟（可溶性固形物含量≥7%），12 月落叶。

在湖北十堰，2 月中旬树液开始流动，3 月中旬萌芽，4 月中下旬开花，果实成熟期 10 月中下旬，10 月中旬落叶。

（2）生物学特征

该品种树势中庸，萌芽率约 53.6%，成枝率 92.0%，果枝率 66.57%～95%，花多为单生，着生在结果枝基部的第 1～7 节上，以短果枝和中果枝结果为主，平均每果枝结果 8 个，坐果率

95％。该品种结果早,丰产稳产,在正常管理下,嫁接后第二年开始挂果,到第 5 年进入盛果期,单产 45～60 t/hm²,果实含可溶性固形物 15.0％～18.0％,总糖 7.8％～9.71％,有机酸1.19％～1.69％,维生素 C 含量 1800～2460 mg/kg,品质上等。

果实长圆柱形,大小均匀,平均果重 90 g,最大果重 160 g,果皮黄褐色,成熟时果面光洁无毛,果喙端稍凸,外观漂亮。采收时,果肉为黄绿色,随着后熟转为金黄色,果心小而软。果肉质地脆,多汁,酸甜适中。果实耐贮藏,采收后熟需要 25 天,当田间温度为 31 ℃(9 月 18)采收果实后,放置在室温条件下(13～22 ℃)贮藏 1 个月以及冷藏(4 ℃)4 个月后,商品果率分别达到 100％和 94％。在意大利等欧洲国家及南美洲的智利等国栽培,其商品性能更佳。

(3)抗逆性和适应性:

① 金桃在中国南方省份表现出耐热,而在海拔 800～1000 m 的地方表现更好,如皮增厚,可溶性固形物、糖分及维生素 C 含量增加,贮藏性能和风味更佳。

② 金桃适宜在海拔 400～1200 m 的丘陵、山地种植,宜在坡度为 10°～15°的丘陵、山地建园。

2.3.8 金艳

金艳是 1984 年中国科学院武汉植物园利用猕猴桃种质资源圃栽培的毛花猕猴桃(母本)和中华猕猴桃进行种间杂交选育而成。于 2008 年获得中国植物新品种权,2010 年通过国家林木品种审定委员会审定为优良新品种。该品种于 2007 年通过授权商业化推广栽培,已在四川成都地区广泛栽培生产,是世界上首个由种间杂交选育并实现产业化栽培的猕猴桃新品种。

(1)物候期

在湖北武汉,2 月下旬树液开始流动,3 月上旬萌芽,3 月底至 4 月初新梢开始生长,始花期 4 月 26 日左右,终花期 5 月 7 日,花期持续 12 d,10 月底至 11 月上旬果实成熟,果实生育期为 200 d 左右,比一般品种长 2 个月。

(2)生物学特性

该品种树势生长旺,枝条粗壮。萌芽率 53％～67％,成枝率 95％以上,果枝率 100％,花瓣 5 枚,基部分离,乳白色,花冠直径 5.5 cm,柱头直立,32～35 枚,花药 56～60 枚,雄蕊退化,花为聚伞花序,花着生在 1～6 节,以 3 花为主,3 花占 63％,2 花占 15％,单花占 21％,少数 4花,结果母枝长 22～27 cm。

金艳果实长圆柱形,果顶微凹,果蒂平,果大而均匀,平均果重 101～110 g,最大果重 175克。果皮黄褐色,密生短茸毛,果皮厚,果点细密,红褐色,果肉黄色,质细多汁,味香甜,维生素C 含量 1055 mg/kg,总酸 0.86％,总糖 8.55％,可溶性固形物 14.2％～16.0％,最高达19.8％,果实硬度大(18～20.9 kg/cm²)耐贮性好,在武汉常温下果实后熟需要 42 d,且果实软熟后的货架期长,常温下可放 15～20 d,低温下(0～2 ℃)贮藏 4～5 个月,硬果在低温(2 ℃左右)贮藏 6～8 个月,常温下贮藏 3 个月,好果率仍有 90％,果实的综合商品性能佳。

金艳结果早,嫁接苗定植第 2 年开始挂果,在高标准建园的情况下,第 3 年可达到单产15 t/hm²,第 4 年进入盛果期,单产可达 37.5 t/hm²。

(3)抗逆性和适应性

① 该品种适宜在海拔 400～1000 m 的丘陵、山地种植,宜在坡度为 10°～15°的丘陵、山地建园。

② 在花期遇阴雨大气时,注意加强花腐病的预防和治疗。

2.3.9　华优

华优是陕西省农村科技开发中心等多家单位从中华猕猴桃与美味猕猴桃的自然杂交后代中选育的猕猴桃中熟品种。于 2007 年 1 月通过陕西省农作物品种审定委员会审定命名。

(1)物候期

在陕西省周至县,2 月中旬树液开始流动,3 月中旬芽萌动,3 月下旬展叶现蕾,4 月下旬至 5 月上旬开花,开花期 5～7 d,花期比西选 2 号迟 1 周左右,9 月下旬至 10 月上旬果实成熟,果实发育期 140～160 d,11 月中下旬落叶,全年生育期 260 d 左右,越冬休眠期 100 d 左右。

(2)生物学特性

该品种在陕西秦岭北麓及关中平原猕猴桃产区,生长较旺盛,树势强健,萌芽率 85.7%,每个花序有 3 朵花或单花,花枝率 80.0%,以中长果枝结果为主,从基部第 2～3 节开始开花坐果,每枝果枝结果 3～5 个,在良好授粉条件下,坐果率可达 95.0%。经科学管理,第 3 年开始结果,第 5 年进入盛果期,每亩产量 2000 kg 以上。大树高接换头后每亩产量:第 2 年 500 kg 左右,第 3 年 1200 kg 左右,第 4 年 2000 kg 以上。

华优果实椭圆形,纵径 6.5～7.0 cm,横径 5.5～6.0 cm,单果重 80.0～110.0 g,果皮褐色或黄褐色,绒毛稀少、细小;果皮较厚,较难剥离,果心细,柱状,乳白色;果肉黄色或黄绿色,肉质细,汁液多,香气浓,风味甜,品质好;果实含可溶性固形物 17.36%,总糖 13.50%,总酸 1.06%,维生素 C 含量 1618.00 mg/kg,果实硬度 13.7 kg/cm^2。果实在室温下,后熟期 15～20 d,货架期 30 d 左右,在 0 ℃条件下可贮藏 5 个月左右。

(3)抗逆性和适应性

① 耐霜冻能力强。2005 年 3 月 26 日和 2007 年 4 月 3 日当地发生倒春寒,气温下降到 −1～−2 ℃左右,华优芽未发现受冻现象,对照品种秦美萌芽率降低 23.5%。

② 对溃疡病具有较强的抗病性,发病率 2.38%,对照品种秦美发病率 15.56%。对细菌性溃疡病的抗性高于对照品种秦美,明显高于红阳猕猴桃。

③ 华优叶片较小,革质化程度高,抗高温、干旱能力及抗黄化病能力比秦美、西选 2 号强,果实基本无日灼果。

④ 适于在秦岭北麓、陕南等猕猴桃产区推广种植。

2.3.10　楚红

楚红是湖南省园艺研究所于 1994—2004 年从野生自然居群中优良株系选育,2004 年 9 月通过湖南省农作物品种审定委员会鉴定,于 2005 年 3 月通过湖南省农作物品种审定委员会品种登记。

(1)物候期

在湖南省长沙地区,2 月上中旬进入伤流期,3 月中旬萌芽,萌芽期晚于丰悦,4 月初现蕾,4 月下旬开花,9 月上旬果实成熟,楚红为成熟期最早的品种,果实成熟期比丰悦约早 10 d,比翠玉早 30 d,比米良 1 号、海沃德早 45 d 和 60 d。12 月上旬落叶休眠。

(2)生物学特性

楚红萌芽率为 36.3％～73.7％,结果枝率为 85％左右,果实着生在结果枝的第 2～10 节,以长果枝结果为主,长果枝占总果枝的 77％,每个结果枝坐果 3～8 个,平均坐果 6 个,坐果率在 95％以上。开始结果早,嫁接苗定植后第 2 年结果,第 3 年平均株产 18 kg 以上,第 4 年平均株产 32 kg 左右。丰产稳产性与极其丰产稳产品种丰悦、米良 1 号相似,优于海沃德等其他品种。

果实长椭圆形或扁椭圆形,果实中等大小,平均单果重 80 g,最大单果重 121 g,果个稍小于对照品种丰悦、翠玉、米良 1 号;果皮呈深绿色,果面无毛。果实近中央部分中轴周围呈艳丽的红色,果实横切面从外到内的色泽是绿色—红色—浅黄色,极为美观诱人,是楚红猕猴桃的最大特色。可溶性固形物含量 16.5％,最高可达 21％,高于栽培在同一地区的对照品种丰悦、翠玉、米良 1 号,而含酸量低于这 3 个对照品种。

果实贮藏性一般,常温下贮藏 7～10 d 即开始软熟,15 d 左右开始衰败变质。生产上宜采用冷藏,在冷藏条件下可贮藏 3 个月以上。

(3)抗逆性和适应性

① 抗高温干旱能力强。在长沙 6—9 月高温干旱季节,楚红仍能正常生长,树势强旺,而对照品种红阳却表现树势弱,叶片小,果实后期生长缓慢,平均单果重不足 50 g。

② 抗病性中等。遇上高湿气候,如栽植在海拔 1000 m 以上的地区,果面容易感染黑色斑点,应注意加强防治。

③ 生态适应性良好。在高、低海拔地区均能正常生长与结果,栽培在高海拔地区,果肉红色鲜艳;而栽培在低海拔地区,果肉红色变淡。栽培在低海拔地区,夏季高温季节采取适度遮荫(50％)有利于果肉红色的形成。

④ 根据其生态适应性,楚红适宜于夏季冷凉(7—8 月月平均气温在 27 ℃ 以内),湿度较大的区域栽培。在海拔 600～1000 m 地区表现最优,适宜在这一地区大面积推广。

2.3.11 翠玉

翠玉是湖南省农科院园艺研究所从中华猕猴桃野生资源中选出的优质耐贮品种。2001 年 9 月通过湖南省农作物品种审定委员会审定。

(1)物候期

在湖南省长沙地区,翠玉 3 月中下旬萌芽,3 月下旬展叶,4 月初现蕾,4 月底开花,5 月上旬坐果,10 月上旬果实成熟,12 月上旬落叶,果实发育期 150～160 d。

(2)生物学特性

该品种植株树势较强,新梢年生长量 3～8 m。萌芽率为 79.8％～82.6％,成枝率 100％。以中果枝、短果枝结果为主,果枝率 95％以上,果实一般着生于果枝基部 2～6 节,坐果率在 95％以上,结果枝平均坐果数 3.5～4.6 个,定植第 2 年普遍开花结果,盛产期株产可达 32～35 kg。

果实圆锥形,果喙突起,单果重 85～95 g,最大单果重 129 g。果皮绿褐色,果面光滑无毛。果肉绿色,肉质细密,细嫩多汁,风味浓甜,品质上等。可溶性固形物含量 14.5％～17.3％,最高可达 19.5％,维生素 C 930～1430 mg/kg,果实可溶性固形物含量高于国内其他各主栽品种,果实大小中等,果个与丰悦、魁蜜、庐山香相当。

果实极耐贮藏,不经任何处理,在常温(25 ℃左右)下可贮藏 30 d 左右,在冷藏条件下可贮藏 5 个月以上。在海拔较高地区栽培(海拔高度 600 m 以上)生产的果实更耐贮藏,其贮藏性与新西兰猕猴桃良种海沃德相似。翠玉猕猴桃果实无需完全软熟便可食用,据测定果实硬度在 5 kg/cm² 左右可食用,而且风味浓甜,无涩味,品质优良。

(3)抗逆性和适应性

① 该品种选于海拔 1500 m 高山地,引种到中、低海拔红壤丘陵种植后,虽生态环境发生较大的变化,仍能正常生长与结果,果实品质优良。

② 抗高温,耐干旱,抗风力强,抗病性较强。适宜在海拔 400～1200 m 的丘陵、山地种植,宜在坡度 10°～15°的丘陵、山地建园,综合性状表现最好。

2.3.12　武植 3 号

武植 3 号是中国科学院武汉植物园选自 1981～1982 年全国野生猕猴桃资源调查中的优株,2006 年通过国家林木品种审定委员会审定,2007 年通过了国家林木品种审定委员会审定并正式命名

(1)物候期

在武汉地区伤流始于 3 月上旬,萌芽期为 3 月中旬,展叶期 3 月下旬,开花期 4 月底或 5 月上旬,果实成熟期 9 月底或 10 月上旬,果实生长发育期 140～150 d,落叶期 12 月上旬。

(2)生物学特性

该品种树势强壮,果实着生在结果枝 1～8 节,平均每果枝坐果 5.65 个,丰产稳产,结果枝率为 69%～95%,嫁接苗定植后第 2 年开始结果,单株产量 4.5 kg,第 3 年平均株产 12.5 kg,第 5 年进入盛果期,产量高达 33 t/hm²。

果实大,椭圆形,果皮薄,暗绿色,果面茸毛稀少,果顶基部平。平均单果重 80～90 g,最大单果重 156 g。纵径 6.3 cm,横径 5.4 cm,侧径 4.7 cm,果肉绿色,果心小,维生素 C 含量 2750～3000 mg/kg,总酸含量 0.9%～1.5%,可溶性固形物含量 12.0%～15.2%,总糖 6.4%,品质上等。果实耐贮藏,采收后 20 d 后熟。

(3)抗逆性和适应性

① 抗旱性较强。在武汉地区连续干旱未灌溉的条件下,也很少见到有叶片焦枯脱落情况。

② 耐高温性。在我国猕猴桃栽培南缘区的广东和平县表现良好。

③ 在海拔 600～1000 m 的地区种植,果皮会变厚,果实耐贮性好,风味更佳,果实增大等,其优良性状表现更好。

2.3.13　早鲜

早鲜(赣猕 1 号)是 1979 年由江西省农科院园艺研究所从奉新、修水两县交界处的野生群体中选育而成,于 1992 年通过江西省级品种审定,更名为赣猕 1 号。

(1)物候期

在南昌地区,该品种 2 月下旬至 3 月上旬开始伤流,3 月中旬萌芽,4 月底始花,花期 3～7 d,8 月中下旬果实成熟。

（2）生物学特性

植株生长势较强，一年生枝青紫褐色，叶片心脏形，纸质，黄绿色，微有光泽，花多单生，着生在果枝的第1～9节，萌芽率51.7%～67.8%，成枝率87.1%～100%，以短果枝和短缩果枝结果为主，座果率75%以上。3～4年生以长果枝结果为主，5年生以后以短果枝和短缩状果枝结果为主。栽植后一般3年始果，较丰产，嫁接苗定植第3年开始结果，第4年生树产量达7.5 t/hm² 以上。

果实圆柱形，果实较大，整齐美观。纵径5.54～6.31 cm，横径4.65～4.82 cm，侧径4.50～4.74 cm，平均单果重75.1～94.4 g，最大果重150.5 g；果肉绿黄或黄色，质细多汁，酸甜适口，风味较浓，微清香，含可溶性固形物12.0%～16.5%，总糖7.02%～10.78%，柠檬酸0.91%～1.25%，维生素C 73.5～128.8 mg/100 g，果心小。果实较耐贮藏，易运输，在江西室温下可存放10～20 d，低温冷藏条件下可贮藏4个月，硬果完果率87.2%。货架果期10 d左右。

（3）抗逆性和适应性

① 该品种对土壤适应性较强，能在低山和平原地区栽培。

② 抗风性较差，抗旱能力较弱，有采前落果现象。需栽种防风林，架式采用大棚架增强抗风，果实附近的叶片摘除，防止果实受风害与叶片摩擦产生机械伤。

2.3.14　魁蜜

魁蜜（赣猕2号）是江西省农业科学院园艺研究所1979年选自江西省奉新县澡溪乡荒田窝的优良单株。于1992年通过江西省级品种审定，更名为赣猕2号。

（1）物候期

在南昌地区，该品种2月下旬至3月上旬开始伤流，3月中下旬萌芽，4月下旬开花，花期3～6 d，9月上中旬果实成熟。

（2）生物学特性

植株生长势中等，萌芽率40%～65.4%，成枝率82.5%～100%，花多单生，着生在果枝的第1～9节，多数为第1～4节，结果枝率53%～98.9%，以短果枝和短缩果枝结果为主，平均每果枝坐果3.63个，坐果率95%以上，栽后2～3年开始结果，4年生单产达9 t/hm²以上。

果实扁圆形，纵径5.36～5.79 cm，横径5.55～5.81 cm，侧径4.91～5.20 cm，平均单果重92.2～106.2 g，最大果重183.3 g；果肉黄色或绿黄色，质细多汁，酸甜或甜，风味清香，可溶性固形物12.4%～16.7%，总糖6.09%～12.08%，有机酸0.77%～1.49%，维生素C含量1195～1478 mg/kg，品质优。果实在室温下可存放12～15 d，冷藏120 d后，硬果完果率达92.4%，维生素C保存率92.7%。果实耐贮性较差，货架果期短。

果实平均单果重92.2～106.2 g，最大果重183.3 g；果肉黄或绿黄色，质细多汁，酸甜或甜，风味清香；含可溶性固形物12.4%～16.7%，总糖6.09%～12.08%，柠檬酸0.77%～1.49%，维生素C 93.7～147.6 mg/100 g，品质优。嫩梢先端浅驼色，一年生枝紫褐色，叶片近心脏形，绿色，有光泽，花多单生，着生在果枝的第1～9节，多数为第1～4节，萌芽率40%～65.4%，成枝率82.5%～100%，结果枝率53.0%～97.1%。2～4年生树以长果枝结果为主；座果率90.2%～92%。

（3）抗逆性和适应性

① 该品种抗风、抗虫及抗高温干旱能力较强，在海拔较高和低丘、平原地区均可种植。

② 果实耐贮性较差，不宜在交通不便、又无良好贮藏条件的山区大面积栽培。

③ 果实可"挂树贮藏"，可以延迟到下霜时采收。采前不落果、不腐烂。由于采后气温已下降，在室温下可存放较长时间，是该品种另一突出优点。

④ 果实短圆柱形，外观不理想。

2.3.15　金丰

金丰（赣猕 3 号）是 1979 年江西省农业科学院园艺研究所选自江西省奉新县石溪乡优选野生种驯化而来，1985 年鉴定命名为金丰，后经进一步的选育和中试，于 1992 年通过江西省级品种审定，更名为赣猕 3 号，属晚熟中华猕猴桃。新西兰佳沛公司以其为母本选育出阳光金果、魅力金果等知名品种。

（1）物候期

在南昌地区一般 3 月上旬萌芽，4 月下旬开花，9 月中下旬果实成熟。果实生育期 145 d 左右。

（2）生物学特性

该品种植株长势强，萌芽率中等，49.4%～67.0%，成枝 88.0%～100%，结果枝率 90.1%～93.5%，平均每果枝坐果 3.7 个，花单生及聚伞花序兼有，坐果率 89.3%～92.9%，以中、长果枝结果为主，果枝连续结果能力强，结果早，嫁接苗定植第 2～3 年开始结果，4 年生树株产 24 kg。

果实呈椭圆形，平均单果重 81.8～107.3 g，最大果重 163 g。果肉黄色，质细汁多，甜酸适口，微香，含可溶性固形物 10.5%～15.0%，总糖 4.92%～10.64%，总酸 1.06%～1.65%，维生素 C 含量 895～1034 mg/kg。果心较小或中等，品质中上。果实较耐贮藏，室温下可存放 40 天，在中华猕猴桃品种中属于较耐贮存的品种，货架期为 10～15 d。宜加工或鲜食，适应性较广。

（3）抗逆性和适应性

① 抗风、耐高温干旱能力很强，适应性广，可在我国中南部猕猴桃栽培区推广。

② 适宜在海拔较高和低丘平原地区栽培，海拔较高处果实品质更优。

2.3.16　赣猕 5 号

赣猕 5 号系江西省瑞昌市农科所从当地野生资源中选出的株型紧凑、节间和枝条特短、冠幅小、果实品质优良、丰产性能好、适于无架密植栽培的新品种。2000 年 4 月通过江西省农作物品种审定委员会审定。

（1）生物学特性

萌芽率 49%，成枝率 52%，果枝率 24%。株高 1 m，冠幅 1.5 m×1.5 m，枝条一般 1 m 左右，徒长枝可达 1.5 m 以上，中长结果枝和营养枝平均节间长 3.7 cm。嫩枝青灰色，一年生枝条红褐色，枝条顶部无逆时针缠绕现象。叶片斜生，近圆形，先端突尖，基部心形，叶缘有刺芒状锯齿，叶柄长 5～8 cm。芽为显芽，花芽为混合芽。花多为单生或 2～3 朵连生，花瓣 6 枚，近扇形,子房上位,雌雄异株。

果实苹果形,顶部平脐,果皮浅褐色,果肉翠绿色。果实甜酸适口,香味浓郁。总糖含量为11.59%,含可溶性固形物17.16%,维生素C含量83.9 mg/100 g,总酸1.5%,水分82.63%。果实品质优于海沃德,略逊于庐山香。果实10月上旬成熟,耐贮藏,货架期长,鲜食与加工俱佳。

平均单果重85 g,最大单果重212 g,二年生树单株产量可达7.1 kg。定植第三年进入盛果期,每亩产3000 kg以上,大小年结果现象不明显,丰产性能好。

采用"独干开心形"的整形法,即主干高80 cm左右,在主干60～80 cm处选留3～4枝生长健壮的主蔓,主蔓左右排开而不重叠,每主蔓选留2～3个支蔓,最大限度地利用空间。进入休眠后至早春伤流前进行冬剪,以更新为主;夏剪以疏枝、除萌、抹芽和摘心为主,控制营养生长。生长季及时中耕除草和防涝抗旱。施肥遵循施足基肥,轻施萌芽肥,重施壮果肥,补施采果肥的原则。

(2)抗逆性和适应性

① 新梢和花芽对春季强烈寒潮有较强的抵抗能力,抗病虫能力也较强,目前未见有严重病和虫害发生。

② 在我国中华猕猴桃众多的种群中,该品种株形矮化的性状还是首次发现,适宜密植。

③ 矮化性状稳定,适于无架密植栽培。

④ 适时采收,在江西瑞昌果实10月上旬成熟,过早采摘,果实风味不佳,且不耐藏,宜分期分批采收。

2.3.17 农大金猕

农大金猕是以金农2号猕猴桃为母本,以金阳1号雄株为父本杂交选育成的黄肉猕猴桃新品种。2016年12月通过陕西省果树品种审定委员会审定。为早熟猕猴桃新品系。

(1)物候期

在陕西关中地区,2月下旬伤流开始,3月中旬萌芽,4月上旬展叶现蕾,4月中下旬开花,花期5～7 d,9月上旬果实成熟,果实生长期120～130 d。11月中下旬开始落叶,随后进入休眠期。

(2)生物学特性

树势强健,一年生枝绿褐色,被灰白色绒毛;皮孔梭形,灰白色;节间4.32 cm;髓心片状。叶片中大,半革质,扁圆形,叶尖突尖,叶基心脏形;叶正面深绿色,有光泽;背面浅绿色,被灰白色绒毛;叶长12.35 cm,叶宽13.9 cm;叶缘钝锯齿状;叶柄淡绿色,平均长度9.67 cm。花白色,呈三花聚伞花序;花瓣多6枚,偶有7枚,长卵形,花冠直径4.13 cm;萼片6枚;雌蕊平均36.5枚,雄蕊退化,无授粉能力。盛果期产量30000 kg/hm²。

果实近圆柱形,果皮褐绿色,被稀疏短绒毛。平均纵径5.23 cm,横径4.76 cm,平均单果质量82.1 g。未熟果果肉为绿黄色,软熟后果肉为黄色,肉质细嫩、多汁,风味香甜爽口。可溶性固形物含量20.2%,总糖14.2%,总酸1.42%,维生素C 2.04 mg/g。果实较耐贮藏,室温下可存放15～20 d,在(1±0.5)℃下可存放90～120 d。

(3)抗逆性和适应性

① 适宜陕西秦岭北麓猕猴桃产区、秦岭以南及类似生态区栽培。

② 适应性强,抗病,特别是抗溃疡病能力优于对照品种翠香和黄金果。

③ 属早熟品种,耐储性和翠香差不多。

2.3.18　金怡

金怡猕猴桃是由湖北省农业科学院果树茶叶研究所经野生中华猕猴桃实生播种选育而成的早熟品种。2011 年 5 月获得农业农村部植物新品种保护授权。

(1)物候期

在湖北省大别山区红安县,3 月上旬萌芽,4 月中旬开花,花期 7～8 d,9 月中旬果实成熟,果实生育期为 130～140 d,12 月中旬开始落叶进入休眠期。

(2)生物学特性

树势中等,萌芽率 70.5%,果枝率 88.7%,以中短果枝结果为主,每结果枝着果 4～6 个,果实主要着生在结果枝的第 2～4 节,着果率 92.4%,无采前生理落果现象。嫁接第 2 年开始挂果,在规范管理的情况下,第 3 年进入盛果期,平均株产 25.6 kg,盛果期树产量平均 22500 kg/hm^2。

果实短圆柱形,果肩圆,果喙端浅凹,果皮绿褐色,被稀疏短茸毛,茸毛易脱落。纵径 6.0 cm,横径 5.6 cm,侧径 5.0 cm。平均单果质量 78.3 g,最大单果质量 98.2 g。果实后熟后果肉为黄色,肉质细腻多汁,风味香甜。后熟果实可溶性固形物 19.3%,干物质含量 21.6%,可溶性糖 14.1%,总酸 1.22%,维生素 C1 含量 170 mg/kg,果实品质极佳,口感优于华优。果实在冷藏(1±0.5 ℃)条件下可贮藏 90～100 d,果实货架期 10～12 d。

(3)抗逆性和适应性

① 在湖北、陕西和上海等类似地区种植,要求≥10 ℃有效积温 4500～5200 ℃·d,无霜期 160～270 d,海拔 1000 m 以下,土壤深厚,透气好,砂壤土,微酸性,pH 5.5～6.5,排灌方便,要求地下水位降到 1 m 以下。

② 抗虫抗旱能力较强。

2.3.19　安鑫

安鑫品种于 2014 年由陕西省安康市农业科学研究院等单位人员在陕西省安康市平利县长安镇海拔 829m 处 1 株中华猕猴桃优选而得,2020 年通过陕西省果树品种审定委员会审定。

(1)物候期

在陕西省安康市月河川道地区,3 月上旬萌芽,4 月上旬现蕾,4 月中旬开花,花期 6 d 左右;4 月上旬一次新梢开始生长,5 月中旬停止;二次梢生长始于 6 月初,7 月中旬进入缓慢生长期;三次梢始于 7 月底 8 月初;9 月下旬果实成熟,果实生长期 156 d,11 月中下旬落叶。

(2)生物学特性

树势强健。萌芽率 86.7%～88.3%,成枝率 86.4%～91.2%。长果枝占 57.6%,中果枝占 6.3%,短果枝占 36.1%,自然授粉结实率高。每年可抽 2～3 次梢。中长果枝从基部第 2～3 节开始着果,长结果母枝着生结果枝 3～5 个,每个结果枝着生雌花序 4～6 个,坐果 4～6 个,坐果率 96%;中结果母枝着生结果枝 1～2 个,每个结果枝着生雌花序 1～3 个,坐果 1～3 个,坐果率 94%。2016—2019 年连续 4 年的区域试验结果表明,高接在 3 年生美味实生砧木上,第 2 年可挂果,第 3 年平均每亩产量 687.1 kg,第 4 年 1076.8 kg,第 5 年 1313.7 kg。

平均单果重 76.9 g,最大单果重 106.4 g。果实心形,顶部略尖,果皮薄,果面黄绿色,有光泽。后熟果肉为金黄色,日照偏短时中心红色,肉质细,汁多,酸甜爽口,浓香,品质上等。可溶性固形物含量 18.1%,可溶性糖含量 15.7%,可滴定酸含量 1.2%,维生素 C 含量 2316 mg/kg,干物质含量 23.3%。在陕南,果实常温下可存放 20 d 左右,低温下可贮藏 90～120 d。果实可溶性固形物含量为 7.5% 时,采后常温下 19 d 开始软熟;在低温下软熟后,硬度长时间保持在 1～2 kg/cm²,95 d 后仍保持在 1 kg/cm² 左右,软熟货架期较长。

(3)抗逆性和适应性

① 对猕猴桃溃疡病有较强的抗性。

② 适宜在陕南海拔 400～800 m 区域种植。

2.3.20 建香

该品种是 2009 年湖北省农业科学院果树茶叶研究所联合建始县有关单位在开展猕猴桃抗溃疡病特异野生资源收集与利用工作过程中选育出的抗溃疡病优质早熟黄肉中华猕猴桃品种,2017 年申请农业农村部植物新品种权保护。

(1)物候期

在恩施州建始县,3 月中旬萌芽,4 月中下旬开花,花期 6～7 d,8 月下旬果实成熟,果实生育期 110～120 d,11 月下旬开始落叶进入休眠期。

(2)生物学特性

树势旺,萌芽率 75.2%,果枝率 84.7%,以中、长果枝结果为主,每结果枝着果 4～6 个,主要着生在结果枝的第 2～7 节,着果率 96.3%。嫁接苗定植第二年开始挂果,第四年进入盛果期,每亩产量 1500 kg 左右,丰产稳产。

果实卵形,果肩圆,果喙端钝凸,果皮浅褐色,被稀疏短茸毛,茸毛易脱落。平均单果质量 78.6 g,最大单果质量 88.3 g。果实后熟后果肉为黄色,肉质细腻,风味甜,香气浓郁。后熟果实可溶性固形物 20.1%,总糖 13.2%,总酸 1.2%,维生素 C 含量 792 mg/kg。果实贮藏期较长,冷藏(1±0.5)℃条件下可贮藏 100～120 d,果实货架期可达 12～15 d。

(3)抗逆性和适应性

成熟期早,抗性与适应性强,同一区域,红阳等高感溃疡病品种发病率高、发病程度严重且出现大量死树的情况下,该品种仅表现少量叶片感染,主干及枝蔓未见病斑,发病程度轻,发病率及病情指数均低于抗猕猴桃溃疡病品种金魁、金桃。

2.4 猕猴桃雄性授粉品种

2.4.1 陶木里

陶木里(Tomur)是新西兰哈洛德·麦特(H. Mouat)和费莱契(W. A. Fletcher)在 1950 年初从堤普克地区果园里选出来的雄株,海沃德等晚花性美味猕猴桃的主要授粉品种。

陶木里花期较晚,花量大,每枝开花母枝有 44 朵花,花梗极短,每花序 3～5 朵花,每朵花含花粉粒 100 万～150 万粒,花粉发芽率 62%,花期集中,5～10 d,一般 5 月中、下旬开花,主要用作海沃德等晚熟性品种的授粉品种。

2.4.2　马图阿

马图阿(Matua)是 1950 年由哈洛德等与汤姆利同时选育而成,生产中大多采用其作为授粉品种。

马图阿始花早,定植第二年即可开花。花期早,花量多,每枝开花母枝有 157.7 朵花,花粉量大,花粉发芽率 64%,花期很长,15～20 d,用作中花期品种的授粉品种,但树势稍弱。

2.4.3　磨山 4 号

1984 中国科学院武汉植物研究所从江西武宁县野生猕猴桃群体中筛选的优势雄株。其花期长,花粉量大,发芽率高,可育花粉多,通过多年的观察、研究和区试,其无性系后代遗传性状稳定,2006 年该品种通过了国家林木品种审定委员会审定。

磨山 4 号为四倍体,株型紧凑,节间短(1～5 cm),长势中等,一年生枝棕褐色,皮孔突起,较密集,叶片肥厚,叶色浓绿富有光泽,半革质,叶形近似卵形,叶尖端较突出,基部心形,叶片较小,平均长 8.5 cm,宽 8.7 cm。花多为聚伞花序,每序 4～5 朵花,而普通中华猕猴桃雄花为聚伞花序,2～3 朵花。花期长达 13～21 d,比其他雄性品种花期长约 7～10 d,花期可以涵盖园区所有中华猕猴桃四倍体雌性品种(系)和早花的美味六倍体雌性品种的花期。花萼 6 片,花瓣 6～10 片,花径较大(4～43 cm)花药黄色,平均每朵花的花药数 59.5 个,每花药的平均花粉量 40100 粒,可育花粉 189.3 万粒,发芽率 75%。其作为授粉树可增加果实品质及维生素 C 的含量。

在湖北武汉,该授粉品种花期为 4 月中旬至 5 月上旬,落叶期为 12 月中旬左右,抗病虫能力强。

2.4.4　秦雄 401

该品种由陕西省周至县猕猴桃试验站选育。秦美品种的授粉雄株,花期较早,花期长,花量大,树势较旺。可作为早、中期开花的雌性品种的授粉品种。

2.4.5　郑雄 3 号

郑雄 3 号由中国农科院郑州果树所等育成。花期晚,花粉量大,花期长,授粉范围同陶木里。

2.5　猕猴桃砧木品种

猕猴桃砧木对地上部分的抗性研究主要集中在抗干旱、抗高温、抗冻害、抗强光、抗病等方面。

2.5.1　布鲁诺砧木

能促进海沃德等接穗品种快速生长、具有丰产性。布鲁诺 1 年生实生苗和红阳、华特模拟涝渍灾害,布鲁诺是 3 个品种中抗涝性最强;美味猕猴桃耐涝能力明显优于中华猕猴桃。

2.5.2 凯迈砧木

可大幅度提高美味猕猴桃的萌芽率,增加花量,进而提高果实产量,能使果实产量比在普通砧木条件下增加近一倍,在新西兰表现一致。湖南园艺研究所引进结果表明,树势强旺,抗病虫、抗旱能力强,特别是抗旱性明显强于中华猕猴桃、美味猕猴桃,但耐渍性弱于中华猕猴桃和美味猕猴桃,对土壤通透性要求较高。

2.5.3 山梨猕猴桃砧木

耐涝性较强;与中华系的武植 2 号和通山 5 号接穗嫁接亲和性均较好(成活率在 66%～82%),与美味系金魁的亲和性较差(成活率不到 40%);山梨猕猴桃砧木感根接线虫病较严重,属感病类砧木。

2.5.4 秦美砧木

树势发育健壮,适应性广,抗逆性强,能耐 42 ℃高温,在 -20 ℃的露地条件下能安全越冬。

2.5.5 米良 1 号砧木

抗寒性和抗旱性强,病虫害很少发生。该株系抗旱力特强,1989 年 7 月 3 日至 8 月 19 日的 47 d 时间内,以及 1990 年 7 月 10 日至 9 月 21 日的 70 d,吉首地区持续出现 38～39 ℃的高温干旱天气,吉首大学猕猴桃园在缺水灌溉条件下,引进对照优株和自选的大部分优株发生了叶缘焦枯现象,有的甚至落了叶。在强烈日光照射下,绝大多数优株的果实受灼伤引起严重落果,但在同样条件下,米良 1 号没有出现问题,落果现象很少发生。故与同年栽培的其他优株对比,平均单株产量要高出数倍。阔叶、桂林、长果砧木相比,米良 1 号作砧木、红阳作接穗,成活率和保存率最高。

2.5.6 对萼猕猴桃砧木

根系发达,不仅适宜在山区栽培,而且适宜于平原地区与易积水区域,作砧木表现出很强的亲和力,能保持优良品种的性状,具有很强的抗渍、抗病虫害能力。

2.5.7 桂海 4 号砧木

桂海 4 号作砧木,接穗桂海四号、Hort16A、红阳,红阳成活率和保存率最高,分别为87.27%和 77.27%;桂海四号和 Hort16A 的成活率在 75%以上,保存率在 60%以上;嫁接华优、金艳、金魁、海沃德,均具有较强的亲和性,各品种嫁接成活率均在 75%以上,保存率在65%以上,其中以金魁嫁接成活率和保存率最高,海沃德最低;嫁接的布鲁诺(美味)植株死亡率达 55%;采用中华猕猴桃实生苗(软毛)作砧木,嫁接美味猕猴桃品种(硬毛)的树进入盛果期后,树冠大,营养消耗大,根系小,吸收能力弱,地上与地下生长严重失调。

1998 年秋冬和 1999 年春季,桂林地区发生严重的连续干旱,试验地的灌溉条件较差,因此严重影响了猕猴桃的正常生长发育。1999 年,一些参试的砧木嫁接体产量很低,有的几乎无产量,而以桂海 4 号为砧木的嫁接体仍有平均单产 7.6 kg 和平均亩产 501.6 kg,表现出了较强的抗旱能力及对极端气候的适应能力。桂海 4 号尤其是其叶面有一层蜡质,起减少蒸发的作用,具有较强的抗旱能力。

2.5.8　本砧

金花猕猴桃、中越猕猴桃、美味猕猴桃、绿果猕猴桃本砧嫁接均有较高的成活率,分别是 94.2%、92.0%、90.6%、82.6%;中华猕猴桃桂海 4 号嫁接于中华猕猴桃实生砧上的成活率达 95%。说明猕猴桃本砧嫁接的效果好。

2.5.9　葛枣猕猴桃砧木

海沃德嫁接在葛枣猕猴桃、山梨猕猴桃砧木及自根生长的海沃德上,山梨猕猴桃砧木优于葛枣猕猴桃;海沃德嫁接在中华猕猴桃软毛变种、毛花猕猴桃、葛枣猕猴桃砧木上,接芽萌发率分别为 76%、75%、73.3%。

2.5.10　大籽猕猴桃砧木

以大籽猕猴桃和中华猕猴桃为砧木,以布鲁诺为接穗,大籽猕猴桃砧木根系发达,须根多;中华猕猴桃砧木的根系发育差、分布浅、须根少,说明大籽猕猴桃砧木导水能力、吸收水分和矿素营养的能力强于中华猕猴桃砧木,这是决定植株生长和生理活性的主要因素。因此,嫁接在大籽猕猴桃砧木上的布鲁诺植株长势强于中华猕猴桃砧木;大籽猕猴桃砧木极大地促进了接穗布鲁诺花芽形成,新梢成花率为 95.8%,每梢着花数 4.5 个,显著高于中华猕猴桃砧木(47.8%,2.3 个)。平均株产为 17.43 kg,平均单果质量为 67.2 g,显著高于中华猕猴桃砧木(6.5 kg 和 43.7 g);大籽猕猴桃和繁花猕猴桃 2 种砧木感病最严重,属极感砧木。

2.5.11　长叶猕猴桃砧木

长叶猕猴桃、毛花猕猴桃、山梨猕猴桃、美味猕猴桃和中华猕猴桃 5 种砧木上,海沃德接穗品种结果枝平均花朵数分别为 6.2、5.5、3.8、3.5 和 2.7;海沃德嫁接在长叶猕猴桃实生砧木上,其藤蔓萌芽率最高且整齐度最好。

2.5.12　通山 5 号砧木

对中华猕猴桃通山五号、武植三号、庐山香、金农以及美味猕猴桃海沃德、金魁、秦美、Ⅱ-10-1 进行高温及高温干旱处理,结果表明,4 个中华猕猴桃品种的高温伤害率普遍低于 4 个美味猕猴桃品种,说明中华猕猴桃比美味猕猴桃的抗高温能力强。其中,中华猕猴桃通山 5 号抗高温干旱能力最强。在华中农业大学猕猴桃标本园中,夏季高温条件下,金丰、通山 5 号的冠幕明显优于庐山香、海沃德,因此,金丰、通山 5 号可作为抗高温砧木选择的基础材料。

2.6 软枣猕猴桃气候生态特性及主栽品种

国外对软枣猕猴桃的开发利用较早。美国和智利把软枣猕猴桃称为奇异莓（Kiwiberry）或者小型猕猴桃（BabyKiwi），并已开始试验栽培。美国选育出包括日内瓦（Geneva）、杜巴斯（DumbartonOaks）、红哈迪（HardRed）等13个品种，其中雄性品种4个。韩国从20世纪90年代就开始软枣猕猴桃品种筛选工作，并且用软枣猕猴桃与美味猕猴桃品种杂交，培育出具有抗寒、抗病、早熟且适合北方寒冷地区栽培的"Chiak""Congsan"和"Gwangsan"3个纯软枣猕猴桃品种；日本也一直在进行软枣猕猴桃的品种选育工作，选育出的栽培品种主要有峰香、香粹等9个品种；新西兰选育出赤焰（Ken'sred）、陶西（HortgemTahi）等8个品种（品系）。欧洲选育出宾果（Bingo）、红九月（ScarletSeptember）、韦迪（Vitikiwi）等16个品种。国外对软枣猕猴桃研究虽然已经开始起步，但是大面积商业化栽培面积还较小。

我国软枣猕猴桃的产业化栽培主要从2014年开始，以露地栽培为主，开始少量设施栽培。截至2018年，我国软枣猕猴桃种植面积近2800 hm^2，大部分处于未结果或初果期，产量仅1000 t左右，成品率约50%。

种植基地主要分布于辽宁、吉林、黑龙江、四川诸省，山东、江苏、安徽、浙江、河北及陕西诸省有少量引种栽培。辽宁省为我国软枣猕猴桃的主产区，主要分布在丹东、鞍山、大连、本溪、沈阳等市，截至2018年，辽宁省软枣猕猴桃种植面积近2467 hm^2，占全国栽培面积的88%。其中丹东地区种植面积近2000 hm^2，占全国栽培面积的71%。吉林省主要分布在延边地区和吉林市。

国内至今选育的软枣猕猴桃品种主要有魁绿、丰绿、佳绿、苹绿、馨绿、绿王（雄株品种）、桓优1号、红宝石星、宝贝星、长江1号、长江2号、长江3号、红迷1号、绿迷1号、紫迷1号'。另外还有一些未经过相应农作物品种主管部门审定或登记的优良品系，如辽东学院小浆果研究所选育出的优良品系LD241、丹东北林农业研究所选育的LD133等。

2.6.1 软枣猕猴桃气候生态条件

在国内，野生软枣猕猴桃分布范围很广。从我国长江以南到西北、东北、华北都有分布。从气候区划来看，自大兴安岭向南，沿太行山、伏牛山、武夷山、武陵山一线以东，属东部湿润半湿润季风区，辽宁省野生软枣猕猴桃主要分布在此气候区，以丹东、本溪、抚顺、铁岭、鞍山的岫岩等东部林区分布较多。

2.6.1.1 温度

从软枣猕猴桃分布的地理气候看，属喜温耐寒植物。软枣猕猴桃芽座较发达，可以抵抗严寒，安全越冬。本溪山城子、下马塘、连山关、草河口一带海拔800 m以上地区平均气温5～8 ℃，最低气温−35 ℃，无霜期只有115～135 d，但这一地区分布了大量的软枣猕猴桃，但在生长期易受晚霜冻和早霜冻影响。

2.6.1.2 湿度

软枣猕猴桃是一种多年生高大的攀缘木质藤本植物，叶形较大而稠密，水分蒸腾量较大，因此它的输导组织很发达。通过对软枣猕猴桃伤流量测定实验来看，断口直径2 cm的1条侧蔓，连续伤流时间达574 h，总伤流量达8224 ml，可见其输导组织相当发达。这样就要求土壤湿度大,而且要有较高的空气湿度。土壤干燥或空气湿度较小,都不利于软枣猕猴桃生长。野生软枣猕猴桃主产区年降水量在 $500\sim1200$ mm,四季相对湿度在 $50\%\sim80\%$ 就基本可以满足软枣猕猴桃的生长要求。

2.6.1.3　土壤

野生软枣猕猴桃对土壤的要求并不严格,但黏土和沙石较多的贫瘠土壤不利于其生长。根据对土壤剖面化验分析来看,土层深厚、有机质含量高、湿润疏松的壤土、沙壤土,pH 在 $5.5\sim6.5$ 的土壤,最适合软枣猕猴桃生长。野生软枣猕猴桃虽然可以分布在海拔 800 m 以上,在各种坡向、坡位都有生长,但最适宜地形地势是排水良好、土层深厚和较背风的地方。以坡向看,缓阴坡和半阴半阳坡为宜。例如丹东凤城一处海拔 300 m 的 1 棵软枣猕猴桃(20 年生)产量为 85 kg,而在同海拔的宽甸 1 棵软枣猕猴桃产量才不到 15 kg,主要是土壤的差异不同。

2.6.1.4　光照

软枣猕猴桃基本属于阳性植物。但因不同的生长发育阶段对光照的要求也不同。野生软枣猕猴桃在幼苗阶段,就需要一定的庇荫。根据调查,在自然条件下的实生苗,第一年有单一的主蔓生长量不大,但第二年由侧芽萌发的新梢生长极快。因而能战胜杂灌木的挤压,获得较好的光照。成龄植株需要有足够的光照,在良好的光照条件下,枝蔓生长充实,开花结果数量多。而过于郁闭的地方由于光照差枝蔓生长细弱甚至枯死。

2.6.1.5　物候期

影响物候期的因素有很多,如纬度、海拔、坡度、坡向、气温、湿度等。特别是山区小气候现象比较突出,情况复杂。从海拔高度的影响看,大体上海拔高度每增加 100 m,物候期相差 $1\sim2$ d。从温度条件看,年平均气温和积温高的地区,物候期就早些(表 2.1)

表 2.1　野生软枣猕猴桃物候期

		丹东	本溪	桓仁	抚顺
	芽膨大期(月.日)	4.10—4.14	4.15—4.20	4.15—4.20	4.17—4.21
	发芽期(月.日)	4.11—4.19	4.19—4.26	4.18—4.28	4.20—4.27
新梢	开始生长期(月.日)	4.22—4.27	5.1—5.4	4.28—5.5	5.1—5.6
	停止生长期(月.日)	6.24—6.28	6.20—6.24	6.18—6.24	6.17—6.22
	生长期日数/d	57~62	50~52	48~53	47~50
叶	展叶期(月.日)	4.22—4.26	4.26—4.29	5.2—5.8	5.1—5.6
	落叶期(月.日)	9.20—10.2	9.18—10.1	9.22—10.2	9.17—9.30
花	初花期(月.日)	6.8—6.14	6.11—6.17	6.5—6.13	6.9—6.15
	盛花期(月.日)	6.13—6.17	6.13—6.16	6.15—6.18	6.15—6.19
	终花期(月.日)	6.14—6.16	6.20—6.22	6.19—6.21	6.20—6.23
果	开始生长期(月.日)	6.15—6.16	6.20—6.23	6.19—6.22	6.20—6.24
	成熟期(月.日)	8.20—9.10	9.1—9.10	8.25—9.3	8.29—9.6
	发育期/d	67~78	76~80	67~75	70~75
伤流	开始期(月.日)	4.1—4.3	4.5—4.11	4.9—4.15	4.10—4.15
	终止期(月.日)	4.10—4.14	4.16—4.24	4.19—4.26	4.20—4.25

2.6.2 软枣猕猴桃主要品种特性

2.6.2.1 魁绿

中国农业科学院特产研究所从野生软枣猕猴桃资源中筛选的优良单株,1993 年通过吉林省农作物品种审定委员会审定。

雌能花,生于叶腋,每花序 1～3 朵花,花径 2.5 cm×2.9 cm,花瓣 5～7 枚。平均单果重 18.1 g,最大 32.0 g。果实长扁卵圆形,果型指数 1.32;果皮绿色、光滑无毛,果肉绿色、多汁、细腻,酸甜适度;含可溶性固形物 15.0%,总糖 8.8%,总酸 1.5%,维生素 C 430 mg/100 g,总氨基酸 933.8 mg/100 g。生长旺盛,坐果率高,可达 95% 以上。萌芽率 57.6%,结果枝率 49.2%。花芽为混合芽。果实多着生于结果枝 5～10 节叶腋间,多为短枝和中枝结果,每枝可坐果 8～20 个。在无霜期 120 d 以上、≥10 ℃积温达 2500 ℃·d 以上的地区均可栽培。丹东地区 8 月下旬成熟。

2.6.2.2 丰绿

中国农业科学院特产研究所在野生软枣猕猴桃资源中选出的单株,1993 年通过吉林省农作物品种审定委员会审定。

雌能花,生于叶腋,每花序花多为 2～3 朵,少量为单花,多为双花,花径 2.2 cm,花瓣 5～6 枚。平均单果重 8.5 g,最大 15 g。果实卵球形,果型指数 0.95;果皮绿色、光滑无毛,果肉绿色、多汁细腻,酸甜适度;含可溶性固形物 16.0%,总酸 1.1%,维生素 C 254.6 mg/100 g,总氨基酸 1239.8 mg/100 g。树势中庸,萌芽率 53.7%,结果枝率 52.3%。坐果率高,可达 95% 以上。在无霜期 120 d 以上、≥10 ℃积温 2500 ℃·d 以上的地区均可栽培。丹东地区 8 月下旬—9 月上旬成熟。

2.6.2.3 佳绿

中国农业科学院特产研究所从野生资源中选育而成,2014 年通过吉林省农作物品种审定委员会审定。

雌能花,花白色。自然坐果率 95.5%。平均单果重 19.1 g,最大 25.4 g。果实长柱形,喙较长,果实绿色,果肉细腻,酸甜适口;含可溶性固形物 12.5%,总糖 11.43%,总酸 0.76%,维生素 C 124.99 mg/100 g,品质上乘。在无霜期 ≥125 d,≥10 ℃积温 2500 ℃·d 以上的地区可引种试栽。丹东地区 8 月下旬成熟。

2.6.2.4 苹绿

中国农科院特产研究所选育。雌能花,每花序平均为 1.7 朵花。平均单果重 17.5 g,最大 23 g。果实圆形,果型指数为 1.08;果皮绿色、光滑无毛,果肉深绿色、多汁细腻,酸甜适度,微香;含可溶性固形物 16.3%,总酸 0.68%,维生素 C 76 mg/100 g。坐果率高达 95.5%;萌芽率为 55.5%;结果枝率为 60.2%;结果枝着生位置多在 3～12 芽位上,花着生在果枝 5～11 节,每果枝坐果 5～8 个。可在无霜期 120 d 以上、≥10 ℃积温达 2500 ℃·d 以上的地区栽培。丹东地区 8 月下旬—9 月上旬果实成熟。

2.6.2.5 婉绿

中国农科院特产研究所与 1997 年选育。每花序花平均为 1.39 朵。平均单果重 20.15 g,最大 29.89 g。果实扁圆锥形,果型指数 1.11;果皮绿色,较光滑,果肉深绿色、多汁细腻,酸甜适度,有香气;含总糖 8.81%,总酸 1.10%,维生素 C 96.75 mg/100 g。生长旺盛,坐果率达

95％,萌芽率为 54％,结果枝率为 52.5％;结果枝多着生在 4～11 节位,每枝可坐果 5～7 个。在无霜期 120 d 以上、≥10 ℃积温达 2500 ℃·d 以上的地区可以栽培。

2.6.2.6　馨绿

中国农业科学院特产研究所选育。雌能花,每花序花平均为 1 朵。平均单果重 12.4 g,最大 17.0 g。果实椭圆形,果型指数 1.22;果皮绿色、光滑无毛,果肉深绿色、多汁、细腻,酸甜适度,香气浓;含可溶性固形物 12.0％,总酸 1.17％,维生素 C 33.32 mg/100 g。生长旺盛,坐果率达 95％以上,萌芽率为 53.5％,结果枝率 49.63％,多为短枝和中枝结果。果实多着生于结果枝 5～14 节叶腋间,每节坐果 1～3 个,每枝可坐果 4～6 个。在无霜期 120 d 以上、≥10 ℃积温达 2500 ℃·d 以上的地区可栽培。

2.6.2.7　绿王

中国农科院特产研究所从野生软枣猕猴桃中选育的软枣猕猴桃雄性新品种,2015 年通过吉林省农作物品种审定委员会审定。

聚伞花序,每花序多为 7 朵花,花药黑色。平均每朵花的花药数 44.6 个,每花药的花粉量 16750 粒,发芽率 94.3％以上。5 月下旬—6 月上中旬开花(视栽培地区),花期持续约 9 d。树势中庸,萌芽率 98.7％,花枝率 87.3％,以短枝为主。授粉特性好,抗病能力较强。适宜在年无霜期 120 d 以上、≥10 ℃积温 2500 ℃·d 以上地区栽培。

2.6.2.8　桓优 1 号

辽宁省桓仁满族自治县林业局山区综合开发办公室与沙尖子镇林业站合作,于 2005 年从桓仁县桓仁镇软枣猕猴桃园内发现的优良单株,2008 年 3 月通过辽宁省非主要农作物品种备案办公室备案。雌能花,乳白色,每花序 1～3 朵花,每结果枝花序数 4.3 个。平均单果重 22 g,最大 36.7 g。果实为卵圆形,果型指数 1.25;果皮中厚、青绿色,果肉绿色,含可溶性固形物 15.6％,可滴定酸 0.18％,维生素 C 379.1 mg/100 g;成熟后果实不易落果。丹东地区 9 月下旬成熟。

2.6.2.9　辽丹(LD133)

由丹东市北林农业研究所从野生软枣猕猴桃资源中选育的中晚熟品种。2019 年通过辽宁省林木品种委员会审定。

雌能花,每花序 1～3 朵花。平均单果重 20 g,最大 30 g。果实椭圆形。含可溶性固形物 19.3％,维生素 C 175.8 mg/100 g。生长旺盛,丰产性好,抗逆性能力强,果实品质好,耐贮。适宜辽东及东北地区栽培。丹东地区 9 月中下旬成熟。

2.6.2.10　绿佳人(LD241)

辽东学院小浆果研究所选育的中熟品种。

雌能花,每花序 1～3 朵花。平均单果重 18 g,最大 28 g。果实呈长圆形,果型指数 1.27;果皮绿色、光滑,果肉硬溶质,口感极好;含可溶性固形物 16.7％,含酸量 0.38％,维生素 C 110 mg/100 g。采摘后货架期长,在低温条件下可贮藏 80 d 以上。树势偏弱,高产,稳产,性状稳定。丹东地区 9 月上中旬成熟。

2.6.2.11　龙城 2 号(茂绿丰)

由丹东茂绿丰农业科技食品有限公司选育的属晚熟种。2010 年获得农业农村部植物新品种保护办公室授权。

单果重 20 g 左右,最大 40 g。果实呈圆柱形,见光时果皮呈现浅紫红色。含可溶性固形物 12％,总糖 6.8％,滴定酸 0.96％,维生素 C 219 mg/100 g。口感佳。不落果,丰产,商品性状好。丹东地区 9 月中下旬开始成熟。

2.6.2.12　日内瓦(Geneva)

美国品种。雌能花,果个中大,卵圆形,果皮有红晕,甘甜。9 月上旬开始成熟。

2.6.2.13　红哈迪(HardRed)

美国品种。雌能花,果个小,果皮红色、光滑,甘甜。9 月上旬开始成熟。

2.6.2.14　宾果(Bingo)

波兰品种。雌能花,单果重 8～14 g。果实椭圆形,长约 3 cm,宽约 2.5 cm。果皮红色,可以带皮食用,香脆可口,略带菠萝味。果实 9 月下旬成熟。

2.6.2.15　赤焰(Ken'sred)

新西兰品种。雌能花,果个中大(长 3.5～4.0 cm),卵圆形,在阳光直射的地方成熟的果实呈红色,可以带皮食用,味甜。耐寒性较差。9 月初成熟

第3章　猕猴桃生长发育与气象条件

3.1　猕猴桃生长与光资源

猕猴桃果树喜光,但怕暴晒,比较耐阴,喜潮湿而不积水的山地环境。年日照时数不低于1900 h均能正常生长发育。

3.1.1　太阳辐射与猕猴桃生长发育

自然条件下,太阳辐射是果树进行光合作用制造有机物质的唯一能源,但并非全部太阳辐射均能被植物的光合作用所利用。太阳辐射光谱由不同波长的辐射谱段组成,不同波长的辐射对猕猴桃生命活动起不同的作用,到达地球的太阳辐射光谱可分为可见光、红外光和紫外光。它们在为果树提供热量、参与光化学反应及光形态的发生等方面起着重要作用。

(1)可见光

可见光波长在 $0.37\sim0.76\ \mu m$,按照波长分为红、橙、黄、绿、青、蓝、紫七色光,它们在为猕猴桃参与光化学反应和光形态的发生方面起着重要作用。

波长在 $0.72\sim0.61\ \mu m$ 的红光、黄光和橙光,其中红光和橙光可被果树体内叶绿素强烈吸收,光合作用最强,并表现为强光周期作用。

波长在 $0.61\sim0.51\ \mu m$ 的绿光,绿光被反射和透射较多,表现为低光合作用和弱成形作用。

波长在 $0.51\sim0.40\ \mu m$ 的蓝紫光,可被叶绿素和黄色素较强烈地吸收,表现为次强的光合作用和成形作用。

(2)红外光

红外光波长在 $0.76\sim4\ \mu m$。波长大于 $1\ \mu m$ 的红外光辐射被果树吸收转化为热量,对植物的蒸腾作用和提温有影响,能促进干物质的积累,但不参加光合作用;波长小于 $1\ \mu m$ 的红外光辐射对植物的伸长起作用,$0.78\sim0.80\ \mu m$ 的远红外光对果树开花、果实颜色、光周期及种子形成有重要作用。

(3)紫外光

紫外光波长小于 $0.4\ \mu m$。波长在 $0.32\sim0.4\ \mu m$ 的紫外光对果树的成形和果实着色起重要作用;小于 $0.32\ \mu m$ 的紫外线对果树有害,但大气中的臭氧对该段紫外线大量吸收,一般不会到达地面。

3.1.2　光照强度和日照时间与猕猴桃生长发育

猕猴桃随树龄不同对光照条件要求各异。幼苗期喜阴凉,忌强光直射。成年树喜光,耐阴,怕暴晒。光照不足,枝条生长不充实,会枯死;受到暴晒果实易得日灼病,叶缘易焦枯。猕猴桃对直射光比较敏感,但仍是喜光,适宜光照充足、通风透光良好的地区栽培。一般要求年日照时数在 1300～2600 h,自然光照度 40%～45% 的地区栽培较好。

(1)光照强度

光照强度对果树的光合作用有极其重要的影响。在一定范围内果树光合作用随光照强度的增加而提高,在达到一定的光照强度以后,光合作用不再增加,这个光照强度就是临界点,称为光饱和点。光合作用随着光照强度的降低而降低,当果树通过光合作用积累的干物质与果树呼吸作用消耗的物质相抵消时,这时的光照强度称为光补偿点。果树群体的光饱和点和光补偿点并不是一个常数,它随叶面积指数、温度、土壤水分等因子而变化。光照强度过强或不足时都会对果树和果实的生长产生不良影响,出现日灼、黄化甚至果树死亡等现象,所以加强果园管理以调节光照强度,对果树成功栽培和果实生长发育有重要影响。

猕猴桃随树龄不同对光照条件要求各异。幼苗期,猕猴桃喜阴凉,忌强光直射。成年树喜光,耐阴,怕暴晒。光照不足,枝条生长不充实,会枯死;受到暴晒果实易得日灼病,叶缘易焦枯。猕猴桃对直射光比较敏感,但仍是喜光,适宜光照充足、通风透光良好的地区栽培。

回归分析表明,在自然条件下,秦美、翠香和秦香 3 个猕猴桃品种的净光合速率随光量子通量密度的变化呈抛物线型,其净光合速率与光量子通量密度的关系曲线的顶点分别为 $(1348,16.79)$、$(1315,20.40)$、$(1333,18.14)$,反映出 3 个品种在一定温度和湿度条件的最适光照强度差异不大,在 $1315～1348\ \mu mol \cdot m^{-2} \cdot s^{-1}$,但在最适光照强度下,翠香的净光合速率值最高,为 $20.40\ \mu mol \cdot m^{-2} \cdot s^{-1}$,说明翠香是一个高光效的品种,秦香居中,秦美较差。

(2)光照时数

光合作用包括光化学过程与酶催化过程。果树光合作用的酶催化过程受到光照时间长短的影响。在一定范围内,较长的光照时间有利于光色素对光的吸收。当光照充足时,光合作用速度与温度成正相关,有利于果实干物质的积累和丰产。

光照时数是可照时数和曙暮光的总和。可照时数是指在某一地点日照的最大时数,即在不计天气的条件下日出到日没太阳可能的光照时数。可照时数随季节、纬度而改变,在我国,夏季随纬度的增加而增长,冬季则相反。曙暮光,又称"晨昏蒙影",日出前即太阳未露出地平线前,阳光照射到高层大气,被大气分子散射,造成天空微亮,地面微明,从这时刻起到太阳露出地平线为止的光亮称曙光。日落后即太阳西沉到地平线以下后,仍有一段时间阳光可照射到高空大气,因空气分子散射使天空和地面仍维持微明,这段时间的光称暮光。

猕猴桃一般要求年日照时数在 1300～2600 h,自然光照度 40%～45% 为好。

在 20 世纪初,美国科学家 Garner 和 Allard 发现了光周期现象,它是指果树开花结果、落叶及休眠等是对日照长短的规律性变化的反应。

3.2 猕猴桃生长与热量资源

3.2.1 温度对猕猴桃光合作用的影响

猕猴桃的净光合速率随空气温度的变化呈抛物线型,在一定温度范围内随温度的上升而增快,到达一定温度后开始下降。秦美、翠香、秦香的净光合速率与空气温度的关系曲线的顶点分别为(32.53,13.16)、(34.32,15.33)、(34.51,14.71),可见美味猕猴桃不耐高温,最适温度在 32.5～34.5 ℃;3 个品种在温度的适应性上存在差异,秦香和翠的最适温度比秦美的高,说明秦香和翠香比秦美较耐高温。

3.2.2　温度对猕猴桃生长发育的影响

(1)温度和猕猴桃的生长关系非常密切

温度直接影响猕猴桃的生长、产量和分布;影响猕猴桃的发育速度,从而影响物候期出现的早晚,物候期出现的早晚对猕猴桃的生长、生产会有不同的影响;影响光资源利用及猕猴桃生产安排;还对猕猴桃病虫害的发生发展产生一定影响。

猕猴桃多数种群分布在热带北缘、亚热带和暖温带的气候环境。一般以年平均气温 15～18.5 ℃,极端最高气温为 33.3～41.1 ℃,7 月平均最高气温 30～34 ℃,极端最低气温-20.3 ℃,1 月平均最低气温-4.5～5 ℃,大于或等于 10 ℃的有效积温 4500～5200 ℃·d,无霜期 210～290 d 的地区最为适宜。在冬季自然休眠期,需要有一定的低温,否则不能正常生长发育。据研究,猕猴桃自然休眠在 5～7 ℃低温下最有效,4～10 ℃低温较为有效,低于 0 ℃时作用不理想。冬季经 672～1008 h(4～6 周)4 ℃的低温积累,即可满足休眠的需要。

美味猕猴桃在 3 月初前后气温在 6 ℃以上时,树液开始流动,3 月上中旬,气温在 8.5 ℃以上时萌芽。展叶约在 3 月中下旬至 4 月上旬,此时气温在 10 ℃以上。开花期一般在 5 月上中旬,此时气温为 15～17 ℃。从萌芽至开花初期的有效积温为 250～280 ℃·d,平均气温在 20～25 ℃时,新梢生长最快,15 ℃左右生长缓慢,12 ℃以下时停止生长。

研究表明,美味猕猴桃在春季萌芽后和秋季落叶前,仅能忍受持续半小时-1.5 ℃的低温,否则就会使花芽和嫩梢受冻。低温常使萌芽期延长和萌芽不整齐。低温冻害主要是早霜和晚霜冻突然袭击,气温骤降。冬季-9～-10 ℃低温出现并持续 1 h 以上,会使休眠的猕猴桃发生严重冻害,由于地表温度更低,冻害常先发生在根颈部。夏季的高温会使枝蔓营养生长过剩,果实可溶性固形物积累减缓,延迟果实成熟。夏季高温造成的严重伤害称"日灼"。7—8 月极端最高气温高达 38～40 ℃以上,阳光直射,无遮阴,持续多日无雨,缺乏灌溉条件,常会发生"日灼"。日灼在叶片、果实、枝蔓和主干上都会发生,尤其是叶片和果实受害较多。

(2)温度对猕猴桃的分布起决定作用

一般以年平均气温 15～18.5 ℃,极端最高气温为 33.3～41.1 ℃,7 月平均最高气温 30～34 ℃,极端最低气温-20.3 ℃,1 月平均最低气温-4.5～5 ℃,≥10 ℃有效积温 4500～5200 ℃·d,无霜期 210～290 d 的地区最为适宜。

① 根系生长期

猕猴桃根系没有休眠期,只要温度适宜,可一直生长。地温 8 ℃时,美味猕猴桃的根系开始活动。20.5 ℃新根生长旺盛,29.5 ℃时基本停止生长。约在 6 月份,地温 20 ℃左右时,为根系生长高峰期。随着地温增高,根系活动减缓。至 9 月份,果实发育后期,根系开始第二次迅速生长。随后,由于气温降低根系生长也逐渐减缓。

② 萌芽期

美味猕猴桃在 3 月初,气温在 6 ℃以上时树液流动。3 月中旬至 4 月上旬,气温在 8.5 ℃以上时萌芽。3 月中旬后气温迅速上升,但此时处于冬季和春季相互转换的过渡季节,冷空气活动仍然较频繁,气候多变,易受降温过程影响。研究表明,春季的气温低于有效低温时就会发生冻害。持续半小时的−1.5 ℃的低温,就会使花芽和嫩梢受冻,称为"冻花芽",严重的低温会使果树主干死亡。低温常使萌芽期延长和萌发不整齐,萌芽早的芽会抑制萌发晚的芽的发育。

③ 花期

猕猴桃花期早晚主要决定于春季的气温。春天回暖早、气温高时开花就提前,否则则延迟。萌芽至开花始期的有效积温为250~280 ℃·d。一般温度到达15 ℃以上时才能开花,花期适宜温度为15~17 ℃。猕猴桃是雌雄异株,雌花的寿命为2~6 d,雄花3~6 d,花的寿命受气候条件影响很大。晴天、多风、干燥、气温高,花的寿命就短。阴天、无风、多雨、气温低,花的寿命就相对较长。

④ 幼果期

气温到达20 ℃以上时猕猴桃才能结果。新梢生长和果实发育气温在20~25 ℃条件下,生长和发育较好。陕西省猕猴桃产区6月份平均气温在25~27 ℃。常出现大风和暴雨,需注意防风排涝。

⑤ 果实膨大期至果实成熟期

7月份为陕西省最热月,平均气温达28~30 ℃。夏季高温常造成"日灼"伤害。特别是在7—8月份,最高气温达40 ℃以上,阳光直射,没有遮阴,持续干旱而又缺乏灌溉条件时,常会发生日灼。伤害叶片、果实、枝蔓和主干。同时使果实膨大受阻,造成落果。猕猴桃虽能忍受42.6 ℃的极端高温,但高温和干旱叠加会加重危害。

⑥ 落叶期至休眠期

气温下降至12 ℃左右时则进入落叶休眠期,秋季进入休眠后,猕猴桃的耐寒能力不断提高,一般可耐−12 ℃以下低温,但在−7 ℃低温时也能受害。猕猴桃冬季休眠期需要950~1000 h 4 ℃以下的需冷量。

3.2.3　积温与猕猴桃生长发育

积温是指某一段时间内日平均气温的累积量,是评价热量资源的一种指标。积温既考虑温度的强度,也考虑温度作用的时间。

1735年法国的德列奥米尔首次发现植物完成其生命周期,要求一定的积温,即植物从播种到成熟,要求一定量的日平均温度的累积,在其他环境条件基本满足的前提下,在一定的温度范围内,温度与生物有机体发育速度之间呈正相关。

农业气象工作中一般将积温分为活动积温和有效积温两种。活动积温是指高于或等于生物学下限温度的日平均温度的总和;活动温度与生物学下限温度的差值称为有效温度,生育时期内有效温度的总和称为有效积温。有效积温更能表征生物有机体生育所需的热量。

积温在农业气象工作中有以下两种主要用途。

积温在猕猴桃品种特性中能充分体现。在引进或推广一种品种前,可以了解该品种从播种到开花到成熟所需积温,以避免出现品种水土不服的情况,提高引种的可靠性。

积温还可以作为物候期预报、产量预报和病虫害发生预报的依据。通过对积温的分析,可以预计当年猕猴桃是否能优质高产,同时也可以为科学高效生产提供依据。

猕猴桃在大于或等于10 ℃的有效积温4500~5200 ℃·d,无霜期210~290 d的地区栽培最为适宜。

3.2.4　温度日较差对猕猴桃生长发育的影响

温度日较差是指在 1 d 连续 24 h 时段内最高温度与最低温度的差值。

温度日较差是影响猕猴桃果实品质的一个重要因子,特别是在果实成熟期,温度日较差与果实果型指数、可溶性固形物和总含糖量、糖酸比呈一定程度的正相关。

3.2.5　土壤温度对猕猴桃生长发育的影响

土壤温度与猕猴桃根系的生长关系很密切,土壤温度 8 ℃时,根系开始活动,20.5 ℃新根生长旺盛,29.5 ℃时根系基本停止生长。

陕西省猕猴桃基地县在 7—8 月易遭遇高温干旱天气,最高气温可达 38～40 ℃,直射光强,且猕猴桃根系较浅(多集中在 20～40 cm),一部分果园裸露无遮阴条件,土壤温度上升很快,导致地面蒸发和果树蒸腾作用强,水分供需矛盾突出,缺乏灌溉条件的果园会发生"日灼",使叶片卷曲枯萎,果实萎缩,表面出现伤疤凹陷,严重时会造成落果。

因此,在无遮阴的成片果园内,在不影响猕猴桃生长的情况下,夏季可适度种植矮秆间作物,可降低土壤温度,也可以增加土壤的透气性和肥力,趋利避害,保障猕猴桃正常生长。

3.3　猕猴桃生产与水资源

3.3.1　降水对猕猴桃生长发育的影响

猕猴桃叶子大,蒸腾量大,根系为肉质根,根系分布浅,具有喜湿润、怕干旱、怕水涝的特性。最适宜栽培在雨量充沛、分布均匀、空气湿度较高、润而不渍的地区。陕西猕猴桃根据品种不同,其适宜的年雨量在 400～1200 mm,空气相对湿度在 55%～70%。除陕南秦巴山区年雨量在 780 mm 以上,接近猕猴桃年需水量上限以外,关中大部分地区年雨量在 600 mm 左右或更低,接近或低于猕猴桃年需水量下限,需要一定的灌溉条件。

3.3.2　降水与蒸发差对猕猴桃生长发育的影响

降水蒸发差是指降水量与蒸发量的差值,它能反映出一个区域从大气层中获得的可利用水资源情况。周连童等(2006)研究了华北地区降水、蒸发和降水蒸发差的时空变化特征,表明降水蒸发差可定义为区域可利用水资源量;吴初梅等(2008)研究了蒸发量季节变化与干旱发生的关系,表明降水蒸发差可以真实地反映一地农业干旱发生的实际情况,因此,加强对降水蒸发差的变化特征研究,可以充分了解一地可利用水资源的时间变化特征,进一步掌握干旱的发生规律和发展趋势。

猕猴桃是抗旱能力很弱的藤本植物,主要通过根部吸收水分,输导到各器官,供蒸腾作用等生理需要,保持树体相对的水分平衡。猕猴桃在萌芽和新梢生长期需要有充足的水分供给,花朵在温暖、湿润、阳光充足的条件下,能延长开花时间,而高温干旱,易使花瓣凋谢。开花后两周,枝条生长迅速,枝繁叶茂;此时幼果也处于发育初期,对缺水反应敏感,称为水分临界期,如果水分不足,会发生营养生长和生殖生长争夺水分的矛盾,引发枝、果对水分的竞争,影响猕猴桃果实的膨大。夏季猕猴桃生长旺盛,叶大而薄,蒸腾量大,还有大量的果实,蒸腾速率也较高,需要有充足的水分,如持续高温导致蒸发快且降水偏少,有灌溉条件的果园应及时灌溉。

3.3.3 土壤水分与猕猴桃生长发育

据试验测定,土壤含水量在5%~6%时,猕猴桃叶片开始萎蔫,及时灌水,虽能恢复生长,但叶缘已呈焦枯。缺水会引起落果。夏季大气和土壤干旱时,要及时补充水分。在强光暴晒下,叶片和果实可能发生日灼。

猕猴桃不耐涝,怕积水。根系被水淹一周,便会出现植株萎蔫,两周以上则死亡。"有收无收在于水,收多收少在于肥"。因此要保证灌足萌芽水、果实膨大水和越冬水。

3.3.4 空气湿度与猕猴桃生长发育

空气相对湿度是影响果树蒸腾和吸水的因子之一。相对湿度小时,会使果树蒸腾作用增强,同时土壤水分充足,蒸腾作用会加强果树对水分和养分的吸收而加快生长。所以在一定范围内空气相对湿度较小时对果树生长有利。但空气相对湿度太小,特别在高温天气和土壤水分欠缺时,会影响果树的水分平衡,造成果实品质和产量下降。空气湿度过大时,果树和果实生长会受到抑制,果实品质下降,影响果实贮藏。同时空气湿度过大是造成病虫害发生的因子之一。

陕西猕猴桃栽培条件是在年降水量在一定范围内,空气相对湿度在55%~70%为宜。

美味猕猴桃的净光合速率随空气相对湿度变化呈直线关系,秦美、翠香和秦香3个品种的回归直线的斜率值较大,为0.345818~0.501015,说明在湿润的气候条件下,美味猕猴桃有较高的净光合速率值,随着湿度的降低,它们的净光合速率的迅速下降,反映出美味猕猴桃对空气湿度的反应非常敏感;3个品种对湿度反应的差异明显,秦美的斜率最大,高达0.501015,秦香的斜率最小,为0.345818,反映出秦香对干燥气候的适应性较强。

3.4 CO_2 浓度对猕猴桃光合作用的影响

空气中 CO_2 浓度达 1000 $\mu g \cdot g^{-1}$ 时还未达到 CO_2 饱和点,在此范围内净光合速率随 CO_2 增大而增大呈直线关系,秦美、翠香和秦香的 CO_2 补偿点分别为 222.8 $\mu g \cdot g^{-1}$、173.11 $\mu g \cdot g^{-1}$、172.00 $\mu g \cdot g^{-1}$(当光量子通量密度为 1600 $\mu mol \cdot m^{-2} \cdot s^{-1}$,空气温度为 36 ℃,空气相对湿度为 55% 时)。猕猴桃秦香的 CO_2 补偿点最低,其净光合速率随 CO_2 浓度增大而上升的幅度值(直线斜率 $b=0.113628$)最大,这是具有优良生理特性的表现。

第4章 陕西猕猴桃的主要气象灾害及风险

4.1 高温、干旱的影响及防御

4.1.1 高温、干旱的定义及发生规律

高温：是指超过果树生理代谢适宜温度上限值的环境温度，不是绝对的高温，而是在不同的发育阶段，超过其正常生长发育的温度。如猕猴桃膨大期适宜的温度上限为 35 ℃，长时间超过此界限温度，会导致果实"日灼"。

干旱是指长时期降水偏少，造成空气干燥，土壤缺水，使果树体内水分发生亏欠，影响正常发育而减产的一种农业气象灾害。根据干旱发生的原因，通常分为土壤干旱、大气干旱和生理干旱。

（1）土壤干旱

土壤含水量少，植物的根系难以从土壤中吸收足够的水分去补偿蒸腾消耗，植物体内的水分收支失去平衡，从而影响生理活动的正常进行，以致发生危害。

（2）大气干旱

由于大气的蒸发作用强（太阳辐射强，气温高，湿度小，伴有一定的风力），使植物蒸腾消耗的水分很多，即使土壤并不干旱，但根系吸收的水分也不足以补偿蒸腾的支出，致使植物体内的水分状况恶化而造成危害。

（3）生理干旱

由于土壤环境条件不良，使根系的生理活动遇到障碍，导致植物体内水分失去平衡而发生危害。例如，早春因暖平流而使气温迅速回升时，根层的土壤温度较低，根系的吸水作用很弱，而地上部的蒸腾又较强，植物体会因水分亏缺而受害。土温过高，土壤通气不良，会导致土壤溶液浓度过高以及土壤中某些有毒化学物质含量过大等，都会降低根系吸水能力，发生生理缺水而受害。

三种干旱既有区别又有联系。大气干旱会加剧土壤蒸发和植物蒸腾，使土壤水分减少，长时间的大气干旱会导致土壤干旱。另一方面，土壤干旱也会加重近地层的空气干旱。如果这两种干旱同时发生时危害最大。生理干旱的危害程度也与大气干旱和土壤干旱有关。在同样不利的土壤环境条件下，如果土壤干旱，则生理干旱会加重；反之，若土壤水分比较充足，则土壤温度不易升得很高，土壤溶液浓度和有毒物质浓度的相对含量不会很高，生理干旱就会减轻。在同样不利的土壤环境和土壤湿度下，如果发生大气干旱，蒸腾加剧，生理干旱会加重；反之，大气不干旱则生理干旱也较轻。

高温、干旱的发生规律和特点：陕西秦岭北麓猕猴桃规划区≥35 ℃、≥38 ℃的高温日数主要出现在 6—8 月的猕猴桃幼果期和果实膨大期。东部果区的临渭、华州、华阴、长安、蓝田

年平均≥35 ℃高温日数均超过 20 d,最多为渭南达 23.2 d;中部果区的鄠邑、周至、扶风、杨凌及东部的潼关为 12～20 d;西部果区的眉县、岐山、渭滨、陈仓为 8～12 d。≥38 ℃的高温日数与 35 ℃日数比较,高温出现的日数明显减少,但危害程度明显加重。东部果区的临渭、华州、华阴及中部的长安等地,38 ℃以上高温日数超过 4 d,中部果区的周至、鄠邑、蓝田为 2～4 d,西部果区的眉县、岐山、扶风、陈仓、杨凌及东部的潼关 38 ℃以上的高温日数仅 1～2 d。≥35 ℃、≥38 ℃的高温日数分布趋势基本一致,即东部重西部轻,而东部的潼关高温日数明显少于东部其他各县,接近中部和西部危害较轻果区。

4.1.2 高温、干旱对果树的影响

(1)影响枝梢生长发育

高温、干旱使枝干树皮含水量显著降低,枝梢生长受到抑制,叶面积变小,叶片易灼伤,叶缘枯萎,甚至整片叶凋落。

(2)影响根系生长发育

高温、干旱造成表层根系大量死亡,如果水源不充足或浇水不及时,往往造成树体大量失水。在严重缺水的条件下,受害最重的是根系,导致根系死亡,直至整个树体的死亡。

(3)影响树体花芽分化

猕猴桃树体花芽分化期,适度的高温干旱有利于果树枝条尽早停止生长,利于花芽分化。但干旱严重,根系吸收能力减弱,叶片的光合效率降低,果树的呼吸作用加强,营养积累减少。同时高温干旱使生长点的生长激素合成减少,抑制细胞分裂,不利花芽分化。

(4)影响果实生长发育

据新西兰和瑞典园艺学家研究,猕猴桃果实生长早期缺水,果实收获时重量比对照低 25％。高温、干旱造成树体呼吸强度加剧,果实中碳水化合物的吸收和积累减少,果实可溶性固形物减少。高温、干旱条件下,可造成暴露于枝叶之外的果实表面细胞及皮下部分果肉细胞受到伤害,从而形成日灼果。轻者果实阳面受伤变褐,严重影响其外观内质和贮藏性能,大大降低果实的综合品质,重者则严重落果。

(5)加重树体病害

高温、干旱条件下树体营养积累少,消耗多,树势衰弱,极易造成猕猴桃叶片褐斑病、根腐病、溃疡病等病害的发生。高温干旱时,土壤含水量降低使可溶性离子的含量降低,进而导致猕猴桃缺素性生理病害的加重。

6—7 月,陕西猕猴桃处于幼果期和膨大期,是果实生长的高峰时期,此时果汁增多,果实体积和重量接近成熟时的 2/3,如遇高温、干旱,会加速植株蒸腾和土壤蒸发,加剧植株水分供需矛盾,使植株生长受阻,发生“日灼”,干旱和高温叠加效应严重影响猕猴桃的产量和品质。造成落叶落果,果实品质下降,产量和贮藏性降低,甚至导致植株死亡,严重影响其经济效益,遮阴、果实套袋等调控措施是缓解这一危害的有效途径。

4.1.3 防御措施

(1)改良土壤

土壤是果树生长的基础,是养分、水分供应的主要源泉。猕猴桃多年固定在一处生长,土

壤条件对生长、结果有长远的影响。通过扩穴深翻改土、增施有机肥、覆盖稻草、木屑等措施，提高有机质含量，增强土壤保肥保水能力，使猕猴桃根系生长良好，达到养根壮树，提高果树抗逆性的目的。

（2）果园生草

结合山地果园实际情况，在猕猴桃行间种植草类植物，并将生长旺盛的草刈割后覆盖果园，能促进土壤表层水、肥、气、热、生物等肥力因素处于相对稳定状态。据试验测定，将旺长草刈割后覆盖树盘，可起到保墒作用，地面水分蒸发减少 60％，土壤相对湿度提高 3％～4％，干旱季节有生草覆盖的土壤水分损失仅为清耕果园的 1/3。同时，果园生草覆盖还可增加土壤有机质含量，改善土壤理化性状，减少化肥施用量，改善猕猴桃生长环境小气候。

（3）果实套袋

果实套袋可以形成遮光、保湿、保温的微环境，在高温干旱的情况下，防止果实因高温强光直射日灼，提高果实的外观和耐贮性。一般套袋时间为花后 35～40 d 为宜，套袋前应做好疏果、定果和病虫害防治，以单层米黄色附蜡质木浆纸袋为宜，纸袋要防水、透气、韧性好，宜果实采摘前 15～20 d 去袋，让果实自然着色。

（4）适时灌溉

遇到高温干旱天气早晨或傍晚要及时浇水，避免因树体"暂时缺水"而引起落叶、日灼等。山地猕猴桃园基本没有配套的灌溉沟渠，灌溉难度大，费工、费时、费水，高温干旱天气严重制约山地猕猴桃产业的发展。山区果园可修建蓄水池，园内安装喷灌或滴灌设备，以备随时消除高温干旱天气的威胁，满足猕猴桃生长发育中对水分的需要。

4.2　冻害的影响及防御

4.2.1　冻害的概念、发生规律和特点

冻害的概念：在低于 0 ℃的温度下作物体内结冰所造成的伤害，冻害是北方落叶果树的主要灾害之一。果树体内的生物膜对低温最敏感，低温可使生物膜的活性降低，表现为细胞间隙出现冰晶体，引起细胞内失水，从而使对生物膜具有毒性的无机和部分有机化合物浓度增大，聚集在生物膜附近，并发生不可逆转的变化。

冻害发生的规律和特点：据观测，秦岭北麓产业带的猕猴桃每年冬季都会出现不同程度的冻害，冻害具有普遍性和频繁性的特点，但品种、地域、树体之间的冻害也具有差异性。

（1）不同品种间冻害表现的差异

根据西北农林科技大学猕猴桃试验站多年观察，猕猴桃不同品种冻害表现不同，以"红阳"受冻程度最严重且最频繁，其次容易受冻的品种是徐香，而海沃德和秦美发生冻害较轻。

（2）不同树势和树龄间冻害表现的差异

根据观察发现，幼树和初挂果树冻害发生较严重，盛果期果树较轻；生长中后期氮肥使用过多或灌水较多的果园冻害较重，长势正常和较弱的果树冻害较轻。

（3）防冻保护措施

同等环境条件下，采取防冻措施的果园比未采用防冻措施的果园发生冻害的程度轻，未采取措施的果园受害较重。采取不同措施，对抵御冻害的效果也不同。对树干部位冻害的调查

得出:采取柴草包裹树干的果园防冻效果好于采取树干涂白和喷防冻液的防冻效果。

4.2.2 冻害对猕猴桃可能造成的危害

(1)冬芽冻伤

冻害发生时间主要在春季冬芽萌芽期、展叶期、现蕾期和初花期 4 个阶段。表现为冻害发生后 3 天,芽和叶开始出现萎缩,呈水浸状,嫩叶及花蕾下垂,颜色也由绿色逐步变为褐色。1周后芽、嫩叶干枯脱落,芽周围侧芽、潜伏芽重新萌发。受冻害影响的猕猴桃,产量一般会减少15%~30%,在极端气象年份可能绝产。

(2)枝条冻害

枝条冻害发生时间为冬末至次年初春,营养枝在春季受冻更明显,受冻枝条顶端先萎缩,枝条较软,维管束内海绵体新鲜;随后,该枝条上已萌发的芽、叶和新枝向下逐步萎蔫,海绵体渐干变色;皮层呈现褐色,并伴有黑斑,有少量纵裂纹,松软,含水量高,用手轻搓即可脱落,海绵体减少 2/3;在新枝基部伴有白色液体,后变为红褐色;后期枝条完全脱水,呈黑褐色,海绵体全无,干枯后落叶。一般情况下枝条受冻对猕猴桃果树产量影响不大。

(3)主蔓冻害

主蔓冻害主要发生时间在春季,植物进入生长期,植株体内水分含量高。受冻主蔓离地面15~30 cm 处皮层有些松软,受冻部位上部有浅纵裂纹。冻害发生后,萌芽期至初花期植株能正常生长,到盛花期至初果期地面 15~30 cm 处皮层松软带褐色,手轻搓易脱落,内部木质部呈褐色。植株新生枝叶萎缩并逐步脱落、坏死,直至整株地上部分死亡。植株地下根颈部鲜艳,根颈部近地面处砧木上有新生营养枝萌发。单株几年无产量,新生营养枝可做砧木改接更新。

(4)根部冻害

根部冻害主要发生时间自冬季至次年初春季。植株根颈部分裸露,长期受低温冰冻影响。受冻植株根系先期鲜嫩,随地温回升逐步变褐,皮层腐软,脱落。植株地上部分有的表现为主干受冻模式,有的在植株萌芽期开始逐步萎缩、干枯,最终全株死亡,要用其他植株替代。

(5)果实冻害

在极端条件下在幼果期会发生果实冻害,幼果受冻 3 d 后,果实松软,果皮青绿色渐变黄褐色,果梗枯萎,4~5 d 后脱落。受冻果出现不连片黑色或黑褐色冻斑并伴有硬症。1~2 d 皮层不再光滑,有多条纵纹,2~3 d 冻斑开始软腐并快速扩大,5~6 d 全果腐坏。

4.2.3 防御冻害灾害的基本措施

(1)培土

可在落叶期之后根部适当培土,增加根部土层厚度,这样在冰冻期可减少因土壤墒情造成根部裸露引起植株受冻;也可在初春,土层解冻之后,立即对根部培土,缓解入春后因春寒所引起的二次冻害。

(2)修剪

受冻枝条表现出明显冻害症状后,应立即剪除受冻部位,同时在剪口处涂抹或喷施抗菌药,草木灰处理伤口效果也很好,有些地方用石蜡处理,植株受冻后所引起的病害无法确认时,可用细菌性杀菌剂与真菌性杀菌剂 1∶1 混合杀菌,如多菌灵＋农用链霉素,甲基托布津＋农用链霉素等。

（3）人工伤流

春寒、倒春寒容易导致猕猴桃一些品种的茎干形成冻害,冻害发生后 7～10 d(有些品种会略晚)部分植株地上 15～30 cm 处会出现冻害特征,表现为皮层纵裂处用手挤压比较松软并伴有液体流出,这时在此处用小刀在皮层上开口产生伤流,同时辅以杀菌剂处理(方法同上),以避免因人工伤流造成病害侵入。

（4）去冰防冻

因晚霜冻害、春寒和倒春寒所形成的冰冻应在冻雨过后及时敲除,可以减少冰晶体对复合芽头长期包裹而形成冻害,有些种植区通过燃烧杂物进行烟熏来减轻冰冻。对于春寒和倒春寒引发的冰冻,因发生时间一般不长,可在冰冻发生前在园内果树上覆膜、接穗加膜和套袋等方法减轻芽头受冰冻,以减少损失。

（5）追肥

地温回升时应及时对冰冻后的猕猴桃进行补肥,增强植物营养输送及自身功能性修复。可以是常规营养性有机肥,如饼肥、复合肥、钾宝、磷酸二氢钾等,也可用生物菌肥或生态环境肥,如"鲁虹"生态肥、生物菌素等。

4.2.4　灾后应急措施

（1）灾后及时施肥灌水,叶面喷肥,以尽快恢复树势,加速叶片生长。施肥以速效氮肥为主,叶面肥可喷 800～1000 倍氨基酸叶面肥或 400 倍磷酸二氢钾。

（2）及时剪除果树没有保留价值的嫩梢,促使潜伏芽萌发。

（3）剪去幼树嫁接换头的冻死部分,另行嫁接,嫁接后套袋保护,以避免再次发生冻害。

4.3　雨涝的影响及防御

4.3.1　雨涝的概念及发生规律

雨涝的概念:雨涝是湿(渍)、涝害的总称,是我国主要的农业气象灾害之一。按照水分多少,雨涝可分为湿害(渍害)和涝害。连阴雨时间过长,雨水过多,或洪水、涝害之后,排水不良,土壤水分长时间处于过饱和状态,果树根系因缺氧而发生伤害,称为湿害(渍害);雨水过多,地面积水长期不退,使果树受淹,称为涝害。

从湿害的分布来看,地下水位高且排水不良的地块受害严重,并呈区域性分布。从发生湿害的土壤类别来看,黏重瘠薄的土壤发生重于疏松肥沃的轻质土壤;采取大水漫灌的果园受害株率高于采取喷、滴、渗等节水灌溉的地块,尤其是连阴雨前漫灌过水的果园发生更为严重;地头水口附近和栽植过深的植株受害株率高于其他地方和栽植深浅适度的植株。

4.3.2　雨涝对猕猴桃可能造成的危害

雨涝发生较轻的树表现为生长衰弱,一部分植株最终死亡。还有一种症状为植株很快萎蔫,刨开根部可见根颈部已经腐烂,腐烂部位绕根颈 1 周,已无法挽救。地下水位高,或受其他水源浸泡严重的,植株根系大部分腐烂,常成片死亡。土壤黏重、浇水过多、遇连续降雨,土壤水分长时期处于饱或近饱和状态是使湿水敏感的根颈部受害的主要原因。这一现象虽呈零星分布或小面积发生,但因其受害后根颈部首先腐烂,后枝叶萎蔫,所以一旦发现萎蔫,大部分不可挽救。解决这一问题的主要措施:一是提倡浅栽植;二是抓改土施肥,保持土壤疏松肥沃,增强土壤对水分的调节功能。土壤湿度大时可刨开根颈部晾晒。在大部分果园仍无节水灌溉设施的条件下,可改进灌水方法,采取在行间修临时渠分段灌溉,以免地头植株过度浸泡或局部积水。对地头水口处和常采取漫灌土壤板结地块,除适当控水外还应增施有机肥和及时中耕,以增强土壤通透性。

4.3.3 防御雨涝灾害的基本措施

(1)建园

应选择土地肥沃、排灌方便的沙壤、壤质土地建园。

(2)抬高垄畦

根据当地气候情况及地块实际,在栽苗前起垄,垄高 30~50 cm。易涝地区和易涝田块,垄畦高度适当加高。

(3)开挖田间排水渠系

在灌溉渠系建设的同时规划、实施排水渠系建设,做到垄有排水沟,块有排水渠,园有排水网,使水顺田间沟联网排出。

(4)雨后及时排明水、防暗渍

夏秋多雨,雨后应及时检查,排去田间明水,对易涝田块、地段挖沟排暗渍。

(5)培育健壮果树

冬春季节垦复,增强土壤通透性,提高根系活力;合理修剪,保持果树生长稳健;肥水管理适时;果实负载量合理,应根据树势、地力,确定果树结果量。

(6)看天浇园

猕猴桃根系特点决定了它既怕涝又怕旱,高丰产果园经常 7~10 d 浇灌 1 次。为防止涝害,夏秋季节在浇灌果园时应看天浇园,如近期 2~3 d 内有雨,应推迟浇园,否则极易造成涝害。

4.3.4 灾后应急措施

(1)迅速清理、整理果园

大雨过后,种植户要及时对果园进行清理、整理。一是及时扶正被暴雨冲压的苗木、架桩,根系裸露的树、苗要及时用新土培护;二是清除园区厢面、厢沟淤泥和乱石,并及时疏通果园内外沟渠,加强园内排水,保证厢沟无积水,做到雨后园干;三是尽快修复损毁的架材,疏理枝蔓,使受损植株尽快重新上架;四是剪除断、损枝叶,对根系被雨水持续浸泡 48 h 以上的植株,要疏除部分果实,并剪除幼嫩枝梢和旺长枝条,对弱枝进行适当回缩,以减轻树体负荷;五是被洪水淹没过的套袋果,应及时解除纸袋。

(2)全园消毒,增施叶面肥

务必要抓住暴雨过后天气转晴机会,对全园细致喷洒 2~3 次高效杀菌剂和叶面肥。

杀菌剂和叶面肥推荐方案:1000 倍 45%代森铵＋1000 倍 2%氨基寡糖素＋400 倍氨基酸液肥,或者 500 倍 20%二氯异氰尿酸钠＋1000 倍果疫苗＋300 倍超级磷钾,两种方案可交替使用。主要防控溃疡病、早期落叶病,并提高植株抗性和果实品质。

被雨水持续浸泡 48 h 以上的植株,扒开根颈部位土壤,晾根;对树盘中耕除草,松土降湿;待土壤稍微干燥时建议用 2500 倍益土施＋500 倍 70%甲基托布津或 2000 倍爱尔＋500 倍 70%甲基托布津进行灌根,每株灌水量 5 kg 左右,促新根生发和树体恢复生长。

(3)其他

考虑到大雨造成大量猕猴桃叶片、果实和树干污损,建议有条件的地区或农户,采用高压喷雾器进行喷施杀菌剂和叶面肥,利用水压将树体清洗干净,保障枝叶进行正常生理活动,促进树体恢复。在猕猴桃溃疡病、根腐病等重大病虫害高发园区,喷药时必须细致周到,且满园喷洒(包括地面、树干等)。

4.4　大风的影响及防御

4.4.1　大风灾害发生的气象指标和特点

(1)大风灾害气象指标

统计分析表明,风速在 9 m/s 以上、降雨量 26 mm 以上的大风暴雨天气或风速 12.5 m/s 以上、降雨量 20 mm 以上的大风暴雨天气,就会对猕猴桃果园造成不同程度的损害,甚至减产或绝收。

(2)大风灾害特点

① 风害易发区域:经过近年来对猕猴桃风害果园的调查,发现猕猴桃风害发生区域主要分布在果园四周边缘、无遮挡的高岭地带。

② 风害发生时间:一般在 5 月下旬开始,9 月底结束。

4.4.2　大风对猕猴桃可能造成的危害

(1)猕猴桃枝条被吹劈、吹翻,叶片吹翻,果实碰撞出现叶摩、枝摩,个别果实脱落。

(2)从茎部劈裂、断裂,叶片和果实磨损,果实形成残次果。

(3)受害严重的猕猴桃果园出现支架倒塌,果树主干吹劈,整片果树倒伏,果园绝收。

4.4.3　防御大风灾害的基本措施

(1)猕猴桃建园时,选择避风向阳、生态条件良好的地块;架型采用抗风性能强的大棚架。地锚要坚固,风大的区域建园时建防风林。

(2)对已采用 T 型架的猕猴桃果园,加固架面,两横杆之间用木材或水泥横杆连接起来,改 T 型架为大棚架,提高抗风能力。

(3)每年冬剪后,更换破损的水泥立柱和横杆,引紧架面铁丝,做到架面整体牢固。

(4)加强夏季修剪。及时摘心、绑蔓和夏剪,疏除主干上所有萌蘖、疏除架面上病虫枝、细弱枝、过密枝、徒长枝,保留树冠通风透光,树下有均匀光斑。加强果园管理,增强树势。严格按照猕猴桃标准化技术规程操作,加强果园土壤管理,减少化肥施用量,增施有机肥;加强猕猴桃树体管理,全年科学修剪、合理负载、搞好病虫害综合防治等。

(5)根据土壤墒情,科学灌水和合理排水。注意天气预报,大雨前不要灌水,大雨或连阴雨天气,低洼地块要及时排水,防止土壤含水量增大导致猕猴桃根系受损、主干不稳。

4.4.4 灾后应急措施

(1)对于产生叶片、枝蔓翻卷的果园要及时采取果实套袋遮阴和绑蔓,避免果实暴晒在阳光之下产生日灼,同时应注意疏除伤残果,降低果树负载,减少生长消耗。

(2)对于倒伏的果园,可采取以下措施:

① 遮阳。应及时用遮阳网遮盖整个猕猴桃树体,减少果实和树体暴晒在阳光下,减少树体失水、果实日灼。

② 修整架型。扶起水泥立柱和横杆,更换破损水泥立柱和横杆,并固定好立柱,牵引好铁丝。

③ 扶树、引绑。把树体慢慢扶起,枝蔓重新绑引固定。

④ 疏果。疏除伤残果,减少果树负载。

⑤ 排水与灌水。根据果园现状,需要排除积水时快速排除积水,减轻猕猴桃根系损伤;若只是大风没有伴随暴雨天气,根据土壤墒情和树体水分情况及时浇水,减轻树体和根系的损伤。

(3)加强果园管理,及时摘心、绑蔓和夏剪,改善果园通风透光,调节树体生长平衡,并喷洒42%的代森锰锌1000倍液或70%甲基托布津1200倍液或70%的丙森锌1000倍液杀菌,防止病害传播。使树体尽快恢复正常生长,尽量减少损失。

(4)加强果园地面管理,科学利用杂草或地面覆盖,改善果园小气候,减少机械耕作造成的果树根系伤害,增强树势。

4.5 冰雹的影响及防御

4.5.1 冰雹的概念、发生规律和特点

(1)冰雹的概念

冰雹是从发展旺盛的积雨云中降落到地面上的固体降水物,系圆球形、圆锥形或不规则的冰球或冰块,由透明层和不透明层相间组成。直径一般为5~50 mm,大者有时可达10 cm以上,又称雹或雹块。冰雹常砸坏农作物和果树,威胁人畜安全,是一种造成局地严重受灾的自然灾害。

(2)冰雹发生的规律和特点

陕西猕猴桃果区冰雹路径是宜君—王益—耀州—三原—临潼—蓝田。雹、雨、风相互作用造成冰雹路径所经过的果园断枝落叶和果实大量脱落、受伤,不仅对当年猕猴桃产量、品质和商品率造成严重影响。而且因枝条受损、树势变弱,给来年花芽分化和产量带来显著影响。

4.5.2 冰雹对猕猴桃树体的危害

冰雹发生的时间不同,对果树造成的危害程度也有所不同,具体表现为:

(1)晚春冰雹对果树的危害。晚春冰雹多发生在 4 月中旬前后,此时猕猴桃处于现蕾期,这时降雹,枝蔓上已萌发的幼芽大部分会被砸落、砸伤,稍长嫩梢有的被砸断,即使不断,生长点也受损,影响生长,只能利用副芽萌发抽生枝蔓,结果量大幅减少。

(2)夏季降雹对果树的危害。夏季冰雹多发生在 7 月初,此时果树正处在幼果发育期,降雹不仅砸伤砸落幼果,招致病害发生,降低果实品质,造成减产。同时还会砸伤叶片和新梢,影响树体的光合作用和花芽分化。

4.5.3　防御冰雹灾害的基本措施

(1)应用防雹网预防冰雹

据 1999—2003 年在苹果、葡萄等果树进行的网防雹试验,覆网果园可保果树万无一失。所用的防雹网,实际就是网箱渔网加上铅丝、支架等,一般可连续使用 5 年。防雹网还可防止叶蝉、鸟害、风害,日灼也较不覆网的轻。苹果、梨树应用防雹网后,还可有效控制树体高度和枝条陡长,利于开张角度,促进花芽形成。

(2)加强科学管理,增强防雹能力

新建果园,注意选用芽萌发力与结实力强的品种,提高抵御冰雹能力。对于冰雹砸伤的枝条已造成枯死的,可从伤折附近剪去,涂保护剂。然后从附近选留新枝或徒长枝加以培养,也可采用高接补救措施,以恢复产量和树势。伤枝较轻的,要及时将劈枝吊起,劈枝基部用绳绑紧,外面用塑料膜包严,以利伤口愈合。雹灾后及时全园喷洒杀菌剂,减少病菌侵入概率;同时加强根外追肥,提高树体抗性。在喷药时加入 0.3%～0.5%尿素或微肥,可补充树体养分,增强光合作用。

4.5.4　灾后应急措施

(1)疏沟排水

冰雹、大雨过后,立即清淤疏沟,勿使园内积水,使表土尽快干燥。被雨水冲到低洼园内堆积的冰雹要立即清除。清园,冰雹打落的新梢覆盖在园内,会延缓土壤水分的蒸发,同时在土表腐烂,易滋生病害,应及时清除。操作时最好用钩耙等工具,尽量减少对园土的践踏。

(2)浅耕松土

猕猴桃为肉质根,缺氧条件下根易腐烂。在积水排除、表土干燥后,应适时浅耕松土,提高土壤通透性。耕松深度 8～12 cm 为宜。掌握坡地稍浅、早耕,平洼地稍深、稍晚耕。分类剪梢。根据春梢受害程度分类进行,掌握好剪梢轻重,促使新梢萌发。以断裂口距春梢基部的距离决定,一般断口距新梢基部 5 cm 以下,从春梢基部全部剪除;10 cm 的留春梢基部 5～7 cm 修剪;15 cm 的留 10 cm 修剪;20 cm 的留 15 cm 修剪;25 cm 以上的留 20 cm 修剪。修剪时还要注意剪口要平滑,勿伤梢皮。

捆扎裂皮。雹灾严重的园区,老枝皮也被砸裂,裂口长度 3 cm 以上的,应适当捆扎。用薄膜条缠绕裂口,捆扎长度要超过裂口长度 2 cm 以上,包紧捆好,使裂口尽快愈合。

(3)根外追肥

灾后 7 d 左右进行第一次根外追肥,每隔 7～10 d 一次,连续 3 次,主要用 0.2%～0.3%尿素液或 0.2%磷酸二氢钾喷布新梢叶,最好两者配合喷布,促进新梢快速萌发,生长健壮。

防治病虫害。受伤后的猕猴桃树易受病虫危害,要加强防治。可用 50％多菌灵可湿粉剂 800 倍液、70％甲基托布津可湿性粉剂 800～1000 倍液、40％氧乐果 1000～1500 倍液或 80％敌敌畏乳油 1500 倍液喷洒枝叶、伤口。喷药可结合根外施肥进行。

(4)培土固根

冰雹往往伴随大雨,猕猴桃根分布较浅,坡地的猕猴桃往往因雨水冲刷,根系裸露,应及时培土固根,保护树体。

(5)摘叶护果

因梢叶被打断打落,一部分果实直接暴露于烈日下,果实极易发生日灼,应提早摘叶或用草遮盖果实,提高果实品质,减少灾年损失。

(6)剪桩整形

对修剪春梢后发生的枯枝干桩应彻底剪除。冬季整形修剪不宜过重,以长梢修剪为主,每梢保留 4 芽以上。

第5章 基于田间调查的美味系猕猴桃气象灾害指标构建

目前,有关猕猴桃越冬冻害指标的研究尚比较薄弱,仅见数篇以经验总结为主提出受冻临界温度或致灾气候条件的相关文献。如赵英杰等(2018)对20世纪80年代中期秦岭北麓猕猴桃商业化种植以来的5次大的猕猴桃越冬冻害进行了对比分析,认为造成猕猴桃越冬冻害的气候原因有空气湿度高,低温持续时间长;黄长社等(2017)依据陕西周至2002—2015年猕猴桃物候观测资料,结合越冬期最低气温(T_D)分析,认为猕猴桃幼树和成龄树越冬期受冻临界指标分别如下:轻度冻害,$-10.0\ ℃ < T_D \leqslant -8.0\ ℃$、$-12.0\ ℃ < T_D \leqslant -10.0\ ℃$;中度冻害,$-12.0\ ℃ < T_D \leqslant -10.0\ ℃$、$-15.0\ ℃ < T_D \leqslant -12.0\ ℃$;重度冻害,$T_D \leqslant -12.0\ ℃$、$T_D \leqslant -15.0\ ℃$;闵艳娥等(2019)认为$-9.0\ ℃$是陕西渭南地区猕猴桃越冬冻害发生的临界低温;另有张清明(2008)、齐秀娟(2011)、张芒果等(2018)认为猕猴桃越冬期冻害发生的主要原因是低温过程早、极端最低气温低、低温持续时间长(以日最低气温$-8.0\ ℃$以下统计)。上述研究成果,或要素单一,或仅提出可能致使美味系猕猴桃受冻气候条件,或仅有指标而缺乏与之对应的生理生态指标,且冻害临界指标使用不统一,对产业服务指导性不强。基于上述原因,本章对陕西、河南两地美味系猕猴桃产区7个主要猕猴桃栽培县,历史上7次影响范围较大的越冬期冻害案例进行详细调查、分析和研究,确定美味系猕猴桃越冬期冻害发生的临界低温指标,并在此基础上采用主成分分析方法分析猕猴桃越冬冻害与低温持续时间、最低气温、低于受冻临界温度的负积温、冻害过程积寒等相关致灾要素的关系,构建美味系猕猴桃越冬冻害综合指标,并采用聚类分析方法对其进行分级,以期为中国美味系猕猴桃两大主产区产业防灾减灾,灾情评估,及进行合理的引种、优化布局等提供决策参考。

5.1 资料与方法

5.1.1 资料

美味系猕猴桃秦岭北麓和伏牛山、桐柏山种植区1991—2020年越冬冻害灾情资料主要来源于专家访谈、实地调查和文献资料等。

气象资料,包括鄠邑、周至、眉县、长安、武功、桐柏、西峡7个县1991—2020年越冬期(越冬期指当年11月—次年2月,因此气象数据实际采用至2021年2月)日最低气温、日照、相对湿度数据。

5.1.2 方法

5.1.2.1 美味系猕猴桃越冬冻害灾情样本序列构建

首先通过多种方法收集了陕西秦岭以北和河南桐柏、西峡两大美味系猕猴桃产区的历史越冬冻害灾情资料,主要发生年份在 1991 年、2002 年、2007 年、2009 年、2011 年、2015 年、2020 年,共 7 个冬季。通过实地调查和专家访谈对陕西周至、鄠邑、眉县、长安、武功,河南桐柏、西峡共 7 个美味系猕猴桃规模化栽培县,对上述年份猕猴桃越冬冻害的具体受灾程度和损失进行调查和评估,获取初步的美味系猕猴桃越冬冻害灾情等级、对应受灾症状和灾损信息等。

将周至、眉县、鄠邑、桐柏 4 县所获灾情资料作为分析样本:首先,结合文献和调查信息确定美味系猕猴桃越冬冻害的受害临界温度及轻度、中度、重度发生的临界指标;其次,采用主成分分析方法构建美味系猕猴桃越冬冻害综合指标,并采用 K-means 聚类分析方法对综合指标进行分级;最后,采用长安、武功、西峡 3 个县的灾情样本序列对所构建的美味系猕猴桃越冬冻害指标进行检验。秦岭北麓和伏牛山、桐柏山地区 7 个美味系猕猴桃为主的栽培县地理信息及越冬期最低气温见表 5.1。

表 5.1　美味系猕猴桃主要栽培县地理气候概况

栽培县	气象站点经纬度	海拔/m	11 月至次年 2 月最低气温/℃
鄠邑	34.1°N,108.6°E	411.0	−14.5
周至	34.1°N,108.2°E	436.0	−14.3
眉县	34.3°N,107.7°E	517.6	−16.1
长安	34.1°N,108.9°E	445.0	−17.4
武功	34.3°N,108.2°E	471.0	−17.7
桐柏	32.4°N,113.4°E	153.0	−16.8
西峡	33.3°N,111.5°E	250.3	−11.5

5.1.2.2 美味系猕猴桃越冬冻害致灾因子的选取

经济作物遭受冻(寒)害的程度与低温持续时间、低温强度均有关。而积寒正是综合考虑了低温持续时间和强度对经济作物受冻(寒)害的贡献作用的综合性因子。本节结合前人对美味系猕猴桃越冬冻害致灾气候条件的总结和分析,选择日最低气温(指示降温强度)、低于美味系猕猴桃越冬冻害临界温度的日数(指示低温持续时间)、负积温(指示降温剧烈性)、积寒(指示植物总体所遭受的危害量)、日照、平均相对湿度共 6 项要素,分析其对美味系猕猴桃越冬期冻害的致灾作用。

5.1.2.3 积寒计算方法

积寒的实质性意义指的是降温天气过程中,逐时低于果树临界受冻温度的寒冷量的累积。基于气温昼夜变化具有的周期性的特点,将单日积寒计算公式离散化,并经过积分变量转换,则可得到冻害发生过程中多日内果树积寒总量(X)的近似计算公式,式(5.1)。

$$X = \frac{1}{4} \sum_{i=1}^{n} \left[(T_C - T_D)^2 / (T_m - T_D) \right] \tag{5.1}$$

式中,X 为过程有害积寒(℃·d);n 为过程持续日数(d);T_C 为作物受害临界温度(℃);T_D

为日最低气温(℃);T_m 为日平均气温(℃)。

5.1.2.4 致灾因子标准化

美味系猕猴桃越冬冻害各项致灾因子量纲不同,因此在分析比较其致灾作用时需要对其进行标准化。依据美味系猕猴桃越冬冻害致灾因子的特点,各项因子量纲多不相同,采用 SPSS 中的 Z-score 标准化方法对各项因子进行无量纲化处理。

5.2 结果与分析

5.2.1 美味系猕猴桃越冬冻害临界温度的确定

周至县猕猴桃试验站站长张清明对秦岭北麓最严重的一次猕猴桃越冬冻害(1991 年冬季)的分析认为,−8.0 ℃以下低温持续时间长是导致猕猴桃严重冻害原因之一;黄长社等(2017)分析认为−8.0 ℃是猕猴桃幼树或幼枝受冻的临界温度。根据陕西省农业遥感与经济作物气象服务中心,基于历史上 7 次范围较大的猕猴桃越冬冻害过程,对美味系猕猴桃产区的实地调查和访问,构建了美味系猕猴桃越冬冻害灾情样本序列(表 5.2)。实地调查中,因主要针对猕猴桃历史灾情进行调查,绝大多数灾情个例无法获取详细的果树或枝条受冻率,因而仅以较为敏感的经济损失信息为依据,明确轻度灾害灾损率≤30%、30%<中度灾害灾损率≤50%、重度灾害灾损率>50%(本节重度灾害以平均灾损约 70%计),来统计受灾后的损失。

由表 5.2 可见,4 个美味系猕猴桃主要栽培县,在 7 次较大范围的越冬冻害期间,美味系猕猴桃受冻的临界温度仅有 1 例在−8.0 ℃以上,为桐柏县 2011 年冬季猕猴桃越冬冻害,其余均在−8.0 ℃以下,据此,可以初步判定−8.0 ℃是美味系猕猴桃越冬冻害发生的临界温度。

表 5.2 美味系猕猴桃 7 次越冬冻害最低气温与灾损率调查表

越冬期	鄠邑		眉县		周至		桐柏	
	最低气温/℃	灾损率/%	最低气温/℃	灾损率/%	最低气温/℃	灾损率/%	最低气温/℃	灾损率/%
1991 年	−13.5	70	−15.6	70	−14.3	70	−16.8	70
2002 年	−11	50	−16.1	70	−11.7	30	−8.2	30
2007 年	−9.5	30	−12.1	30	−10.4	30	−11.3	50
2009 年	−6.3	0	−9.7	30	−8.5	30	−6.6	0
2011 年	−8.7	30	−14.1	30	−13.7	50	−7.4	30
2015 年	−14	50	−12.3	30	−12.4	30	−10.2	30
2020 年	−11.2	30	−11.2	30	−11.5	30	−8.8	30

5.2.2 美味系猕猴桃越冬冻害等级及指标的确定

依据文献资料、实地调查和专家咨询,对美味系猕猴桃越冬冻害进行分级,以最低气温(T_D)单要素指标,初步将美味系猕猴桃越冬冻害划分为轻度、中度、重度三级,并归纳总结各级冻害成灾后美味系猕猴桃表现的受冻症状。如 1991 年冬季的冻害,大部分栽培县极端最低气温达到或接近−15.0 ℃,是至今对美味系猕猴桃影响范围最广、致灾程度最重的一次越冬冻害,此次冻害导致秦岭北麓各栽培县猕猴桃减产50%~92%,部分果园全园果树冻死;另据调查,1991年冬季河南桐柏等地美味系猕猴桃大面积冻死、损失同样极为惨重。又如安成立等(2011)对2009年冬季陕西省4个猕猴桃主产市的越冬期冻害进行了调查,结果显示陕西猕猴桃树平均受冻率为31.3%,随着树龄增大受冻率降低,4年成龄树受冻率约11%。综合调查咨询与文献信息,获得美味系猕猴桃越冬冻害等级低温指标及各级对应冻害症状表现如表5.3。

表5.3　美味系猕猴桃越冬期冻害指标和症状表现

级别	低温指标	主要冻害症状表现
轻度	$-12.0\ ℃<T_D\leqslant-8.0\ ℃$	树体有部分一年生枝脱水皱缩,或虽没有表现皱缩但切断枝条髓部表现褐色,其他部位基本不受影响;整个树体春季大部分枝条能正常萌芽;对当年减产影响小于30%
中度	$-15.0\ ℃<T_D\leqslant-12.0\ ℃$	树体上部大部分枝条脱水皱缩,或虽没有表现皱缩但切断枝条,髓部表现褐色;部分主杆受冻,树皮开裂;春季部分枝条不能正常萌芽,个别主杆受冻严重的树死亡;对当年减产影响小于50%
重度	$T_D\leqslant-15.0\ ℃$	树体上部几乎所有枝条脱水皱缩,切断枝条髓部表现深褐色;多数主杆受冻开裂;春季地上部几乎所有枝蔓死亡,春季不能萌发新叶,部分枝蔓基部可发出萌蘖,部分植株整株死亡;对当年减产影响50%以上

5.2.3　美味系猕猴桃越冬冻害综合指标构建

多位既往研究人员和美味系猕猴桃栽培一线技术人员均认为,猕猴桃越冬冻害的致灾气候要素不仅是极端最低气温,还受低温持续时间、湿度、光照等条件影响。鉴于此,本节对所收集的历史时期美味系猕猴桃越冬冻害案例的致灾因子进行逐一统计和分析,筛选出与美味系猕猴桃越冬冻害灾损率相关的因子,构建综合指标并分级。

以周至、眉县、鄠邑、桐柏4县所获灾情资料作为分析样本,根据文献和调查信息选择历次越冬期的日最低气温(X_1)、$\leqslant-8.0\ ℃$低温日数(X_2)、$\leqslant-8.0\ ℃$负积温(X_3)、$\leqslant-8.0\ ℃$有害积寒(X_4)、平均日照(X_5)、平均相对湿度(X_6),6项要素分析其与美味系猕猴桃越冬冻害灾损率(L)的相关关系。经分析发现平均日照(X_5)、平均相对湿度(X_6)两项因子与美味系猕猴桃越冬冻害灾损率(L)未通过相关性检验;而日最低气温(X_1)、$\leqslant-8.0\ ℃$低温日数(X_2)、$\leqslant-8.0\ ℃$负积温(X_3)、$\leqslant-8.0\ ℃$有害积寒(X_4)4项因子与美味系猕猴桃越冬冻害灾损率(L)通过相关性检验(表5.4、表5.5)。

表5.4　周至、眉县、鄠邑、桐柏美味系猕猴桃越冬冻害致灾因子及灾损率

受灾县(区)	越冬期	$X_1/℃$	X_2/d	$X_3/℃$	$X_4/(℃\cdot d)$	$L/\%$
	1991年	−13.5	6	12.7	0.82	70
	2002年	−11.0	5	4.7	0.35	50
	2007年	−9.5	2	2.3	0.15	30
鄠邑	2009年	−6.3	0	0.0	0.00	0
	2011年	−8.7	1	0.7	0.05	30
	2015年	−14.0	5	17.1	0.80	50
	2020年	−11.2	6	11.5	0.83	30

受灾县(区)	越冬期	$X_1/℃$	X_2/d	$X_3/℃$	$X_4/(℃ \cdot d)$	$L/\%$
	1991 年	−15.6	8	23.3	1.47	70
	2002 年	−16.1	12	36.4	1.90	70
	2007 年	−12.1	11	14.8	0.86	30
眉县	2009 年	−9.7	9	6.3	0.30	30
	2011 年	−14.1	8	21.0	0.93	30
	2015 年	−12.3	5	10.8	0.56	30
	2020 年	−11.2	5	6.4	0.70	30
	1991 年	−14.3	8	17.5	1.06	70
	2002 年	−11.7	5	4.8	0.34	30
	2007 年	−10.4	4	3.5	0.21	30
周至	2009 年	−8.5	2	0.5	0.02	30
	2011 年	−13.7	6	12.3	0.60	50
	2015 年	−12.4	6	15.3	0.74	30
	2020 年	−11.5	6	10.1	1.09	30
	1991 年	−16.8	6	19.1	0.81	70
	2002 年	−8.2	2	0.3	0.01	30
	2007 年	−11.3	4	5.0	0.21	50
桐柏	2009 年	−6.6	0	0.0	0.00	0
	2011 年	−7.4	0	0.0	0.00	30
	2015 年	−10.2	2	3.3	0.13	30
	2020 年	−8.8	2	1.1	0.04	30

表 5.5　各致灾因子及美味系猕猴桃越冬冻害灾损率之间的相关性

要素	$X_1/℃$	X_2/d	$X_3/℃$	$X_4/(℃ \cdot d)$	$L/\%$
$X_1/℃$	1	−.782	−0.895	−0.851	−0.823
X_2/d	—	1	0.838	0.843	0.575
$X_3/℃$	—	—	1	0.948	0.680
$X_4/(℃ \cdot d)$	—	—	—	1	0.654

注:均达到 0.01 显著性水平。

由表 5.5 可见,美味系猕猴桃越冬冻害的 4 项致灾因子之间,完全不独立,两两之间均呈显著相关关系,可见 4 项致灾因子的关系符合主成分分析条件,可采取主成分分析方法对其进行主要信息提取和综合简化。

基于 SPSS 统计软件中的 Z-score 标准化功能对美味系猕猴桃越冬冻害 4 项致灾因子 X_1、X_2、X_3、X_4 进行标准化得到标准化后的 X_1、X_2、X_3、X_4;再对其进行主成分分析,提取累计方差贡献率达到 85% 的主成分。主成分分析结果显示:第一主成分累计方差贡献率已达 89.52%,可充分代表 4 项因子的主要信息,所得协方差矩阵特征值 λ=(3.581,0.227,0.147,0.045);第一主成分荷载向量分别为 −0.933、0.913、0.974、0.964;将第一主成分荷载向量除以其特征值的算术平方根得到的各项系数分别为 −0.493、0.482、0.515、0.509,由此构建美味系猕猴桃越冬冻害综合指标(I_h)计算公式如下:

$$I_h = -0.493 \times X_1 + 0.482 \times X_2 + 0.515 \times X_3 + 0.509 \times X_4 \qquad (5.2)$$

由式(5.2)可见,美味系猕猴桃越冬冻害综合指标I_h与冬季最低气温(X_1)呈负相关关系,各栽培县冬季最低气温(X_1)越低,I_h越大;综合指标I_h与其他3项致灾因子呈正相关关系,即$\leqslant-8.0$ ℃低温日数(X_2)越长、$\leqslant-8.0$ ℃负积温(X_3)越多、$\leqslant-8.0$ ℃有害积寒值(X_4)越大,I_h越大;理论上与美味系猕猴桃越冬冻害发生的实际情况是非常相符的。

5.2.4 美味系猕猴桃越冬冻害综合指标的分级

获取美味系猕猴桃越冬冻害样本的综合指标后,需对其进行分级,以区别轻度、中度、重度猕猴桃越冬冻害。K-means聚类分析方法是典型的基于距离的聚类算法,既往学者在有关农作物或经济作物区划指标、灾害等级指标划分方面应用非常广泛。本节基于SPSS软件中的K-means聚类分析工具,对周至、眉县、鄠邑、桐柏4个栽培县28个美味系猕猴桃越冬冻害综合指标进行轻度、中度、重度3级分类。以28个样本的I_h值作为分析变量,L作为标识变量。样本特点表现为轻度灾害居多,中度、重度灾情较少,另有2例无灾损个例。依据样本特点结合K-means聚类分析原理,设置5个聚类中心进行分类,无灾情、中度、重度I_h临界值各占据1个类中心值,轻度灾情占据相邻2个类中心值较低的一个。经过2次迭代获得美味系猕猴桃越冬冻害综合指标I_h划分的轻度、中度、重度灾害指标分别为$-2.08<I_h\leqslant0.82$、$0.82<I_h\leqslant2.15$、$I_h>2.15$。

5.2.5 美味系猕猴桃越冬冻害指标验证

以陕西省武功、长安,河南省西峡,共3个美味系猕猴桃栽培县,1991年、2002年、2007年、2009年、2011年、2015年、2020年共7个冬季21个猕猴桃越冬(冻害)个例作为检验数据,对美味系猕猴桃越冬冻害低温指标和综合指标进行检验(表5.6)。

表 5.6 武功、长安、西峡 7 次美味系猕猴桃越冬冻害过程低温指标、综合指标与灾损率

越冬期	武功			长安			西峡		
	T_D/℃	I_h	L/%	T_D/℃	I_h	L/%	T_D/℃	I_h	L/%
1991 年	-17.7	2.79	70	-17.3	2.94	70	-11.5	-1.10	30
2002 年	-12.1	0.22	30	-15.0	1.62	50	-8.0	-2.14	30
2007 年	-12.1	0.87	30	-12.7	0.63	30	-6.7	-2.43	0
2009 年	-9.0	-1.08	30	-10.6	-0.05	30	-7.5	-2.33	0
2011 年	-13.1	0.27	30	-12.7	-0.14	30	-6.2	-2.50	0
2015 年	-14.9	1.82	50	-17.4	2.70	70	-7.0	-2.39	0
2020 年	-12.9	1.34	30	-13.9	1.38	50	-7.0	-2.44	0

表5.6中,武功、长安、西峡3个县美味系猕猴桃在历史上7次猕猴桃大范围越冬冻害过程中,出现10个灾损率为30%的轻度灾害个例;其中最低气温最大为-8.0 ℃(西峡,2002年越冬期)、最小为-13.1 ℃(武功,2011—2012年越冬期);综合指标最小为-2.14(西峡,2002年越冬期)、最大为1.34(武功,2020年越冬期)。出现3个灾损率为50%的中度灾害个例,其成灾过程的最低气温和综合指标分别是:武功县2015年越冬期冻害,最低气温-14.9 ℃、综合指标1.82;长安区2002年越冬期冻害,最低气温-15.0 ℃、综合指标1.62;长安区2020年越冬期冻害,最低气温-13.9 ℃、综合指标1.38。出现3个灾损率为70%的重度灾害个例,

其成灾过程的最低气温和综合指标分别是：武功县 1991 年越冬期冻害，最低气温 −17.7 ℃、综合指标 2.79；长安区 1991 年越冬期冻害，最低气温 −17.3 ℃、综合指标 2.94；长安区 2015 年越冬期冻害，最低气温 −17.4 ℃、综合指标 2.70。综上，以低温指标（T_D）：−12.0 ℃＜T_D ≤−8.0 ℃、−15.0 ℃＜T_D≤−12.0 ℃、T_D≤−15.0 ℃ 划分的轻度、中度、重度美味系猕猴桃越冬冻害及 21 例灾情的总体准确率分别约为 30%、67%、100%、62%；以综合指标（I_h）：−2.08＜I_h≤0.82、0.82＜I_h≤2.15、I_h＞2.15 划分的轻度、中度、重度美味系猕猴桃越冬冻害及 21 例灾情的总体准确率分别约为 60%、100%、100%、81%。由此可见，本文所构建的美味系猕猴桃越冬冻害最低气温指标和综合指标均基本与实情相符，但综合指标优于低温指标。

5.3　结论与讨论

本章基于对美味系猕猴桃越冬冻害大量历史灾情个例的调查分析和研究，明确了美味系猕猴桃越冬冻害受害临界温度；采用归纳总结方法构建了美味系猕猴桃越冬冻害低温指标；基于冻害过程最低气温，低于受害临界温度的低温日数、负积温、积寒 4 项要素，采用主成分分析方法和 K-means 聚类分析方法构建了美味系猕猴桃越冬冻害综合指标，得到如下结论：

明确了 −8.0 ℃ 是美味系猕猴桃越冬冻害发生的临界温度。美味系猕猴桃越冬冻害低温指标（T_D）为：轻度，−12.0 ℃＜T_D≤−8.0 ℃，可造成部分幼树或幼枝受冻；中度，−15.0 ℃＜T_D≤−12.0 ℃，可造成成龄树大部分枝条和部分主干受冻；重度，T_D≤−15.0 ℃，可造成成龄树几乎所有枝条和多数主杆受冻。综合考虑致使美味系猕猴桃越冬冻害发生的各项气象要素，构建了美味系猕猴桃越冬冻害综合指标（I_h）为：轻度，−2.08＜I_h≤0.82；中度，0.82＜I_h≤2.15；重度，I_h＞2.15。上述指标经检验表明：确定 −8.0 ℃ 为美味系猕猴桃越冬冻害发生的临界温度符合实际；以低温指标和综合指标划分的美味系猕猴桃越冬冻害轻度、中度、重度等级与实际灾情基本相符，综合指标更优于低温指标；低温指标可为美味系猕猴桃越冬期冻害监测、预警提供参考依据，但综合指标在灾情等级识别、评估方面更优。

有关猕猴桃越冬冻害指标的研究尚比较薄弱，目前所见多为经验总结所得，且多依据的是气象站数据。实际上个别文献已经指出猕猴桃果园的温度与所处县气象站的温度是有差异的。因而，在下一步的研究中可参考研究较多的苹果主要气象灾害指标，采用猕猴桃园内小气候站数据构建指标，或建立所分析的猕猴桃园内小气候站数据与县气象站数据之间的关系，对现有指标进行订正，以提高相关指标应用精确度和价值。

本研究中，猕猴桃越冬冻害低温指标和综合指标在验证过程中，均表现为轻度冻害准确率最低，同时也出现了多例用最低气温划分为中度冻害的个例实际灾损是轻度级别。经过对过去猕猴桃轻度越冬冻害成灾原因的进一步分析和总结，初步认为，猕猴桃越冬冻害（尤其是轻度越冬冻害）的成灾与否、灾损程度，与当年猕猴桃挂果量（影响冬季树体强弱）、进入休眠期时间早晚、营养积累是否充足、田间管理模式、是否采取防冻措施等有密切关系。因而，在下一步研究工作中，应结合实验室和大田的对比试验，对美味系猕猴桃越冬冻害成灾机理进行深入研究，并可依据相关研究成果从果树养分供给、田间管理等多方面提出切实有效的灾害防御措施。

第 6 章　猕猴桃叶片高温热害控制试验及高温热害指标

　　猕猴桃原生境多为山地林下半阴生环境,空气湿润、温度变化缓和、弱光。由于商品化栽培历史短、品种更新大部分直接来源于野生环境,气候驯化不足,加之自身具有肉质根系分布浅、叶片肥大、气孔发达、蒸腾强烈的生理特点,决定了猕猴桃是一种抗逆性较弱的树种,生产上面临的主要问题之一是集约栽培在平原地区的农田环境与其自然原生环境相差较大,农田阳光直射环境下常使树体温度过高,造成叶片、果实、树干伤害,影响猕猴桃的正常生长和开花结果,进而影响产量和品质。特别是在气候变暖背景下,在猕猴桃主产区的陕西,夏季高温天气时有发生,甚至会出现 40 ℃以上的极端高温天气,猕猴桃高温伤害尤为突出,叶片萎蔫、落叶,果实日灼、落果,甚至死树的现象经常发生。

　　近年来叶绿素快速荧光诱导动力学分析技术(JIP-test)已成为研究植物光合作用的有力工具,源于 JIP-test 的参数对环境胁迫尤其是高温胁迫非常敏感,能够在无损伤的条件下,很敏感的感知植物生理状态与环境之间的关系,因此,JIP-test 技术被称为测定叶片光合功能快速、无损伤的探针。植物在高温胁迫条件下常表现出光合作用效率下降、光合电子传递受阻,严重高温胁迫还会造成放氧复合体、光系统Ⅱ(PSⅡ)供体侧和受体侧的伤害,尤其是对放氧复合体的伤害更为明显,导致叶绿素快速荧光诱导动力学曲线(OJIP 曲线)K 相荧光出现显著增加。迄今为止,从叶绿素荧光特性方面研究夏季高温胁迫对猕猴桃叶片光合功能影响的报道很少。本研究采取恒定高温胁迫处理方式对猕猴桃叶片进行高温模拟试验,利用 JIP-test 分析方法,分析不同高温胁迫对猕猴桃叶片叶绿素荧光参数的影响,对揭示猕猴桃叶片对温度胁迫的反应特征,建立猕猴桃高温热害的识别指标,改进猕猴桃气象灾害预测、预警、防御和评估方法等具有重要意义。

6.1　材料与方法

6.1.1　研究区域

　　试验于 2020 年 8 月中下旬在陕西省周至县西安佰瑞猕猴桃研究院猕猴桃园进行,地理坐标为 $34°04'N,108°27'E$,海拔 457 m。该研究院位于陕西猕猴桃主产区的秦岭北麓,是全球猕猴桃的最佳适宜生长区之一,猕猴桃种植面积达 $2.8×10^4$ hm^2,年产猕猴桃鲜果 $4.9×10^5$ t。试验区年平均气温 13.2 ℃,最热月平均气温 26.1 ℃,最冷月平均气温 −0.7 ℃,极端最高气温 42.2 ℃,极端最低气温 −20.2 ℃,地面极端最低温度 −23.8 ℃,年均无霜期 220 d,年均降水量 660 mm,年均降雨日数 100 d,年均日照百分率 42%,年均相对湿度 73%,属暖温带季风气候。

6.1.2　试验设计

试验材料为树龄 10 年的美味系猕猴桃,品种为徐香,株行距 3 m×4 m,大棚架型栽培,中壤土,喷灌条件良好。

试验采用 Yaxin-1162 连续激发式叶绿素荧光仪测定叶绿素快速荧光诱导动力学曲线。

设置 30 ℃、33 ℃、36 ℃、39 ℃、42 ℃、45 ℃、48 ℃、50 ℃、52 ℃、54 ℃共 10 个温度梯度,0.5 h、1.0 h、1.5 h、2.0 h、2.5 h、3.0 h 共 6 个时间梯度,其中 30~48 ℃处理的胁迫持续时间为 0.5~3 h,50~54 ℃为 1 h,以 0 h 常温下的测值为对照。胁迫温度由 RR-CTC102C 恒温控制箱实现。

试验过程中,选择叶片功能正常的一年生结果枝置于 RR-CTC102C 恒温箱内,叶绿素荧光仪探头由叶夹固定于箱内叶片上,分别于升温前(0 h)、达到设定温度后 0.5 h、1.0 h、1.5 h、2.0 h、2.5 h、3.0 h 测定一次叶片叶绿素荧光。0 h 测定前用遮光叶夹对猕猴桃叶片在常温环境下进行暗适应 20 min,其他时次测定因叶片处于控温箱暗环境,不再进行暗适应操作。叶绿素荧光仪诱导光化光强度设置为 2000 $\mu mol \cdot m^{-2} \cdot s^{-1}$,光照时间 1 s,测得 0.01~1000 ms 范围的完整叶绿素快速荧光诱导曲线及其参数。

6.1.3　数据分析与计算方法

参考 Strasser 等(2000)的 JIP-test 计算方法,得到以下叶绿素荧光参数:基础荧光(F_o,20 μs 时的荧光值 $F_{20 \mu s}$);最大荧光(F_m);可变荧光($F_v = F_m - F_o$);暗适应下 PSⅡ最大光化学效率($F_v/F_m = (F_m - F_o)/F_m$);单位面积有活性的反应中心数目($RC/CS_o = \varphi_{p0} \times (V_j/M_o) \times (ABS/CS_0)$),其中荧光曲线的相对初始斜率 $M_o = 4 \times (F_{300 \mu s} - F_{20 \mu s})/(F_m - F_{20 \mu s})$;单位面积吸收的光能($ABS/CS_o \approx F_o$);单位面积捕获的光能($TR_o/CS_o = \varphi_{p0} \times (ABS/CS_0)$);单位面积用于电子传递的能量($ET_o/CS_0 = \varphi_{E0} \times (ABS/CS_0)$);单位面积以热能形式耗散的能量($DI_o/CS_0 = (ABS/CS_0) - (TR_o/CS_0)$)。

为比较不同温度处理下叶绿素荧光的差异,将不同时段内的叶绿素荧光标准化为相对可变荧光,并计算各温度处理与对照的荧光差异,即:

对 0.01~1000 ms: $\quad V_t = (F_t - F_o)/(F_m - F_o)$,$\Delta V_t = (V_t)_{胁迫} - (V_t)_{对照}$ $\qquad$ (6.1)

对 0.01~2 ms: $\quad W_t = (F_t - F_o)/(F_j - F_o)$,$\Delta W_t = (W_t)_{胁迫} - (W_t)_{对照}$ $\qquad$ (6.2)

式中,F_j 为 2 ms 处的瞬时荧光强度;F_m 为最大荧光强度;F_t 表示 t 时刻荧光强度;V_t、W_t 表示 t 时对应时段相对可变荧光强度;$(V_t)_{胁迫}$、$(W_t)_{胁迫}$ 为不同温度胁迫下的相对荧光;$(V_t)_{对照}$、$(W_t)_{对照}$ 为常温条件下(0 h)的相对荧光。

试验数据采用 Microsoft Excel 2016 进行统计分析和作图。

6.2　结果与分析

6.2.1　不同高温胁迫下猕猴桃叶片 OJIP 曲线特征

6.2.1.1　高温胁迫对猕猴桃叶片 OJIP 曲线的影响

图 6.1 为不同温度处理下猕猴桃叶片 OJIP 曲线,可以看出,不同温度处理后猕猴桃叶片

的 OJIP 曲线形态发生显著变化。30 ℃、33 ℃(趋势相同,图略,下同)、36 ℃温度胁迫下各处理与常温对照(0 h)的 OJIP 曲线形态无明显差异,曲线形状具有典型的 OJIP 曲线特征,表明 PS Ⅱ 尚未受到明显的高温伤害(图 6.1,A1,A2)。胁迫温度升高至 39 ℃之后,OJIP 曲线形态开始发生显著变化:O 相(初始荧光时刻)在高温胁迫下较常温对照开始升高,P 相(最大荧光时刻)较常温对照开始下降,曲线中 J-I 段趋于平缓。特别是 48 ℃温度胁迫下,J 相(2000 μs)、I 相(30 ms)拐点消失,曲线趋于变直,48 ℃持续时间 3 h 的温度处理,J、I、P 相均消失,表明光合电子传递过程出现严重受阻现象。

高温胁迫 0.5~3 h 处理之间的 OJIP 曲线差异不很明显,表明猕猴桃叶片高温受害可能在 0~0.5 h 内已经发生。

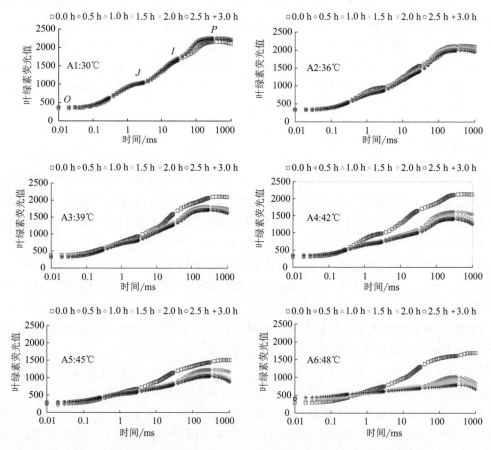

图 6.1 不同高温胁迫下猕猴桃叶片快速叶绿素荧光诱导动力学曲线

6.2.1.2 高温胁迫对猕猴桃叶片相对可变荧光 V_t 的影响

通过比较高温胁迫与常温对照的相对可变荧光 V_t 的差值 ΔV_t 发现(图 6.2),高温胁迫显著增加了猕猴桃叶片叶绿素荧光诱导动力学曲线中的 K 相和 J 相的相对可变荧光 V_k 和 V_j。V_j 增加通常反映了 PS Ⅱ 受体侧的电子传递受到高温损伤,ΔV_j 值越大表示电子传递效率越低,表明高温胁迫使 Q_A 向 Q_B 的电子传递受到了抑制;V_k 增加说明高温处理对光合机构放氧复合体(oxygen-evolving complex,OEC)活性产生较大影响。

在 30 ℃、33 ℃、36 ℃温度条件下,ΔV_k、ΔV_j 均小于零,表明此时猕猴桃叶片 PS Ⅱ 的受

体侧和 OEC 尚未受到伤害(图 6.2,B1,B2);从 39 ℃温度处理开始,在 300 μs 左右和 2000 μs 左右特征位点处的叶绿素荧光产量开始增加(图 6.2,B3),导致 K 点和 J 点的出现,表明 PSⅡ 受体侧和 OEC 开始受到伤害;随着胁迫温度的升高,ΔV_k、ΔV_j 的正向增幅加大,到 48 ℃温度胁迫下,不仅 ΔV_k、ΔV_j 达到最大,温度胁迫不同持续时间处理之间的差异也开始显现。

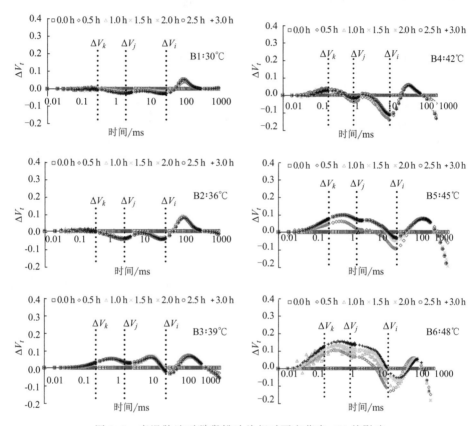

图 6.2　高温胁迫对猕猴桃叶片相对可变荧光 ΔV_t 的影响

ΔV_k、ΔV_j 和 ΔV_i 分别为在 300 μs、2 ms 和 30 ms 处测定的 ΔV_t。

6.2.1.3　高温胁迫对猕猴桃叶片相对可变荧光 ΔW_t 的影响

用(F_j-F_o)对可变荧光进行标准化,得到相对可变荧光变化曲线 W_t(图 6.3),W_t 为 K 相可变荧光占(F_j-F_o)振幅的比例,可反映 PSⅡ 放氧复合物的活性,其值随着供体侧伤害程度的增加而增加,被广泛作为 OEC 受伤害程度的重要指标,通过比较 ΔW_t 的大小,可以计算出 OEC 受伤害的程度。

由图 6.3 可知,在 300 μs 附近各处理与对照之间 W_t 出现最大差值,计为 ΔW_k。在 30 ℃、33 ℃、36 ℃、39 ℃、42 ℃、45 ℃、48 ℃不同温度胁迫下,ΔW_k 均大于零,表明即使在 30 ℃低强度温度胁迫下,猕猴桃叶片放氧复合体活性已经受到不利影响。相对于 30 ℃,33 ℃、36 ℃、39 ℃、42 ℃、45 ℃、48 ℃温度胁迫下的 ΔW_k 分别是 30 ℃温度胁迫下 ΔW_k 的 1.6、2.0、2.6、3.4、3.9、5.4 倍,表明随胁迫温度升高,ΔW_k 正向升高幅度随之呈指数增大。

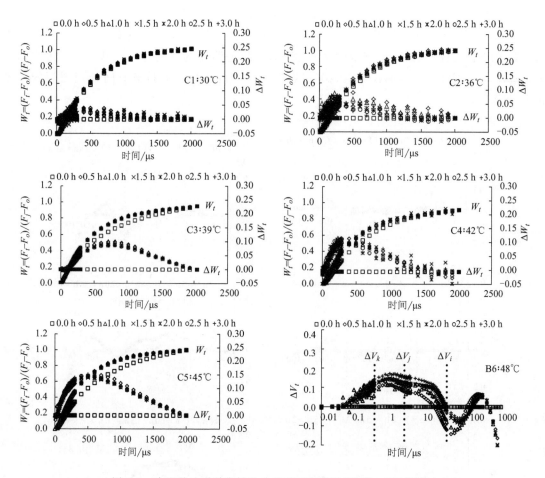

图 6.3　高温胁迫对猕猴桃叶片相对可变荧光 W_t 及 ΔW_t 的影响

6.2.2 高温胁迫对猕猴桃叶片 F_o、F_m、F_v/F_m 的影响

6.2.2.1 高温胁迫对猕猴桃叶片基础荧光 F_o 的影响

F_o 是 PSⅡ 反应中心处于完全开放状态时(经过充分暗适应以后)的初始荧光产量。在高温胁迫下,植物体内叶绿素类囊体膜结构发生改变,首先反映的是基础荧光 F_o 的上升。F_o 增加量越多,类囊体膜受损程度就越严重。随温度升高,F_o 会在某一温度临界点突然上升,是反应中心受到破坏的标志,因此,F_o 被作为检测热胁迫作用的生理指标。图 6.4 表明,猕猴桃叶片在 30~45 ℃条件下,F_o 值随温度的增加和胁迫时间的延长变化不大;在 45 ℃后,F_o 荧光曲线出现突变临界点,表明胁迫温度大于 45 ℃时,猕猴桃叶片叶绿素类囊体膜结构开始发生改变,温度胁迫使得 PSⅡ 反应中心开始出现失活状态。在 45~50 ℃,随温度升高 F_o 有明显增加趋势;50 ℃之后 F_o 基本维持高值。

6.2.2.2 高温胁迫对猕猴桃叶片 F_m 的影响

F_m 是在饱和脉冲的强光照射下 PSⅡ 电子链上的电子由于迅速堆积而产生的最大荧光,表示 PSⅡ 接受光量子的最大能力,F_m 下降是热耗散增加的标志。

图 6.5 表明,F_m 对温度变化的反应比较敏感,其随温度变化的趋势表现出三个阶段性的

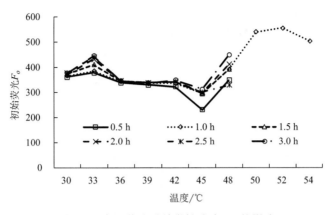

图 6.4　高温胁迫对猕猴桃叶片 F_o 的影响

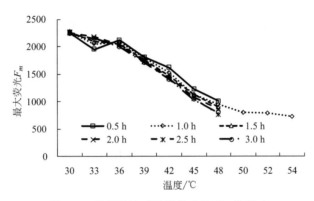

图 6.5　高温胁迫对猕猴桃叶片 F_m 的影响

特征：30～39 ℃，F_m 随温度升高下降幅度较缓；39～45 ℃，F_m 随温度升高递减幅度加大；45～54 ℃，F_m 随温度升高降幅趋于平缓。

6.2.2.3　高温胁迫对猕猴桃叶片 F_v/F_m 的影响

F_v/F_m 表示 PSⅡ 最大光化学效率，反映 PSⅡ 反应中心内的光能转化效率，是植物发生光抑制的敏感指标。图 6.6 表明，猕猴桃叶片 PSⅡ 最大光化学效率 F_v/F_m 随胁迫温度升高呈现 S 型下降趋势：在 30～39 ℃ 条件下，F_v/F_m 随胁迫温度的升高和胁迫时间的增加没有表现出明显的变化，基本维持在 0.8 以上的正常值；在 39～45 ℃，F_v/F_m 随温度的升高出现缓慢降低趋势，递减幅度 0.02/℃，且随胁迫时间的增加不同处理的曲线开始表现出散发状态；45～50 ℃范围内，随胁迫温度的升高 F_v/F_m 出现快速降低，递减幅度达到 0.11/℃，是 39～45 ℃减幅的 5.5 倍，且表现为随胁迫时间延长降低幅度加大的趋势；当胁迫温度升高到 50 ℃ 以上，F_v/F_m 达到最低值，并趋于稳定。F_v/F_m 随胁迫温度增加而下降表明叶片吸收的光能不能有效地转化为化学能，PSⅡ 反应中心出现了光抑制现象。

6.2.3　高温胁迫对猕猴桃叶片单位面积能量流分配和反应中心密度的影响

植物的光合器官对光能的吸收、转化和耗散等状况可以由比活性更确切地反映出来。图 6.7 显示，猕猴桃叶片单位面积捕获的光能（TR_0/CS_0）随胁迫温度的升高表现为两段性的变

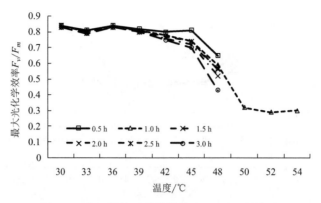

图 6.6　高温胁迫对猕猴桃叶片 F_v/F_m 的影响

化特点：在 30～45 ℃范围内，TR_0/CS_0 随胁迫温度升高表现为下降趋势，胁迫温度高于 45 ℃之后，TR_0/CS_0 维持稳定少变状态（图 6.7a）；单位面积用于电子传递的光能（ET_0/CS_0）随胁迫温度的升高表现为三段型特征：在 30～39 ℃范围内，ET_0/CS_0 基本保持稳定，39～45 ℃ ET_0/CS_0 下降迅速，高于 45 ℃之后，ET_0/CS_0 随温度升高下降幅度减缓（图 6.7b）；单位面积用于热耗散的能量（DI_0/CS_0）随胁迫温度的升高呈现为两段性的变化特点：在 30～45 ℃范围内，DI_0/CS_0 基本保持稳定，当胁迫温度超过 45 ℃，DI_0/CS_0 随温度升高呈上扬趋势，且随胁迫时间的增加，DI_0/CS_0 增加幅度显现出较明显的增加（图 6.7c），表明胁迫温度超过 45 ℃，光破坏防御机制开始通过热耗散消耗过剩光能；单位面积有活性的反应中心密度（RC/CS_0）对温度胁迫表现得比较敏感，在整个高温控制试验范围内（30～54 ℃）随胁迫程度的加强 RC/CS_0 直线减小，在 45 ℃附近出现反应中心半衰温度点（T_{50}）。温度胁迫持续时间对 RC/CS_0 的失

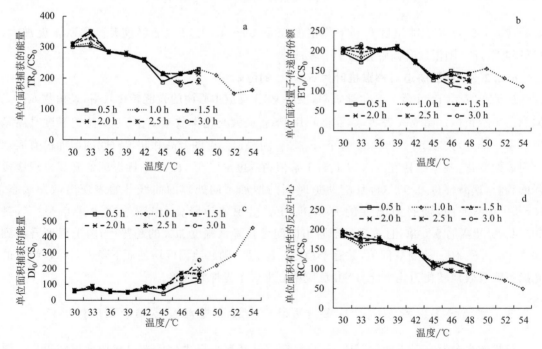

图 6.7　高温胁迫对猕猴桃叶片 TR_0/CS_0（a）、ET_0/CS_0（b）、DI_0/CS_0（c）、RC/CS_0（d）的影响

活影响不明显(图 6.7d)。

6.2.4　不同温度处理猕猴桃叶绿素荧光各参数

图 6.8 为不同温度处理猕猴桃叶绿素荧光各参数与 30 ℃条件下的相对值变化图,图 6.8 表明,36 ℃、39 ℃两处理,各参数值在 1 附近,变化不大,表明 39 ℃以下温度对叶绿素光合功能影响不明显,从 42 ℃开始,参数廓线发生变化,随温度升高,变幅加大,但廓线变化趋势相似,表明叶绿素光合功能在 42 ℃时开始受到伤害。

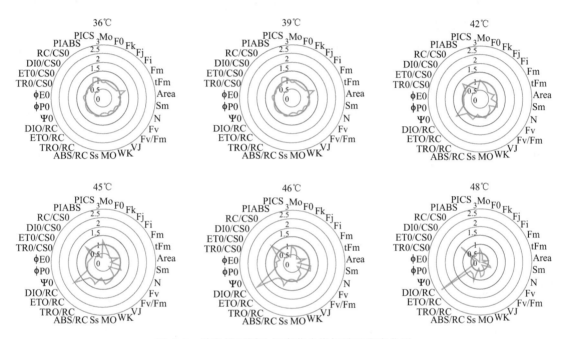

图 6.8　猕猴桃不同叶绿素荧光指标随温度变化图

6.3　结论与讨论

很多关于叶片高温胁迫导致 PSⅡ结构和功能一系列变化甚至损害的结果表明,高温胁迫伤害叶绿素光合机构的敏感部位不尽相同。通过不同胁迫温度和胁迫时间处理植物叶片发现,光合机构敏感位点在较低胁迫温度下就开始表现出受伤害特征,而次级敏感位点在较高胁迫温度下才相继受到伤害。在本研究也呈现类似结果:TR_0/CS_0、RC/CS_0、ΔW_k 属光合机构敏感位点参数,在 30~54 ℃范围均受温度胁迫影响,其中 TR_0/CS_0、RC/CS_0 随胁迫温度升高呈直线下降趋势,ΔW_k 随胁迫温度升高呈指数上升趋势;F_o、F_m、F_v/F_m、ΔV_k、ΔV_j、DI_0/CS_0、ET_0/CS_0 属光合机构次敏感位点参数,此类参数具有在低温度胁迫下稳定少变、高温度胁迫下变化加剧的阶段性特征。

在 30~39 ℃条件下,次敏感位点参数基本稳定或少变:F_v/F_m 维持在 0.8 以上的正常值,F_o、OJIP 曲线形态、相对可变荧光 V_k 和 V_j、ET_0/CS_0、DI_0/CS_0 参数值均变化不大,F_m 缓慢下降;敏感位点参数中,反映 PSⅡ放氧复合体活性的 ΔW_k 上升到 30 ℃初值的 2.6 倍,TR_0/CS_0、RC/CS_0 下降到 30 ℃初值的 91.1％和 81.2％。

在 39～45 ℃温度胁迫下，次敏感位点参数大多变化加剧：F_v/F_m 缓慢降低至 30 ℃初值的 88.2%，F_o 在 45 ℃处出现突变临界点，OJIP 曲线开始出现分离现象，相对可变荧光 ΔV_k、ΔV_j 由负转正，F_m 和 ET_0/CS_0 急剧下降至 30 ℃初始值的 49.1% 和 67.2%，只有 DI_0/CS_0 仍维持稳定少变趋势；敏感位点参数中，ΔW_k 上升到 30 ℃初值的 3.9 倍，TR_0/CS_0、RC/CS_0 下降到 30 ℃初值的 68.4% 和 58.6%。

陈贻竹等（1995）的研究结果发现，黄瓜、水稻、甘蔗、仙人掌等植物 F_o 的突变临界点温度在 49～56 ℃，王梅等（2007）的研究发现，茄子的 DI_0/CS_0 在 52 ℃开始出现大幅度增加。本研究表明，猕猴桃叶片的 F_o、DI_0/CS_0 均在 45 ℃出现上升临界点，较上述研究结论明显偏低，这与猕猴桃抗逆性较弱的生理特性相符合。

在 45 ℃温度胁迫下，PSⅡ单位面积用于热耗散的能量 DI_0/CS_0、反映 PSⅡ反应中心失活状态的 F_o 均出现突变临界点，RC/CS_0 出现半衰点（T_{50}）。

45～50 ℃温度胁迫下，敏感点位和次敏感位点参数大多急剧增减至极值：F_v/F_m 表现为急剧下降的同时，ΔW_k、F_o、DI_0/CS_0 急剧增加，相对可变荧光 V_k 和 V_j 正向增幅加大，TR_0/CS_0、ET_0/CS_0 下降趋缓至最低，F_m、RC/CS_0 继续保持下降趋势；到 48 ℃，F_m、F_v/F_m 降至初始值的 38.7% 和 66.1%，OJIP 曲线 J 相（2000 μs）、I 相（30 ms）拐点消失，曲线变直，ΔW_k 值增至 30 ℃初始值的 5.4 倍，DI_0/CS_0 增至 30 ℃初始值的 2.9 倍，RC/CS_0 降至初值的 51.6%；到 50 ℃以后，F_v/F_m、F_m 下降趋于最低，F_o 升至最高点。

综合猕猴桃叶片上述各类叶绿素荧光参数变化特征，本章研究结论如下：30 ℃～39 ℃条件下，敏感类荧光参数受到影响，次敏感类荧光参数受影响较小，表明猕猴桃叶片 PSⅡ受温度胁迫发生了轻微热抑制，可认定为轻度温度胁迫；39～45 ℃条件下次敏感类荧光参数受温度胁迫影响变化剧烈，表明 PSⅡ受温度胁迫出现了显著热抑制，可认定为中度温度胁迫；≥45 ℃条件下敏感类和次敏感类荧光参数均趋于峰值或降至谷值，表明 PSⅡ产生了严重热伤害，这也与温度控制实验过程中 46 ℃ 3 h 处理后观测到猕猴桃叶片开始出现焦斑的形态表现相一致，可认定为重度温度胁迫。

叶绿素快速诱导荧光动力学分析技术作为一种无损伤的快速探针用于植物的抗逆生理研究已有大量报道，其相关荧光参数若能用于农作物热害程度的识别，对农业气象灾害预测预警、灾害防御和评估具有重要意义。采用单一或多个叶绿素荧光参数作为高温热害识别指标，存在确定的热胁迫温度是否合理的问题。目前针对猕猴桃叶片的荧光特性研究较少，本研究初步建立的猕猴桃叶片热害等级识别温度指标，其适用性尚需从生理生化指标方面做进一步的验证支持。

第7章 猕猴桃越冬冻害控制试验及越冬冻害指标

在猕猴桃气象灾害里,危害最严重的是低温冻害,轻者造成结果母枝芽座萌发能力降低、果树大幅度减产,重者因枝条受伤、褐变甚至死亡,造成当年绝产绝收或死树毁园,并导致冻害之后病害等次生灾害发生。秦岭北麓猕猴桃产区1991年冬季冻害导致次年周至县猕猴桃减产50%~95%,成龄树30%~50%地上部分因冻死亡;2008年1—2月我国南方长时间大范围冰冻灾害,庐山猕猴桃93%减产或绝产。越冬冻害不仅影响猕猴桃的生长发育和产量品质,也是猕猴桃引种推广扩大发展的主要限制因子。研究低温冻害对猕猴桃的影响机理,建立科学合理的低温冻害温度指标,对猕猴桃种植区域的适宜性评价、冻害的预测防御及冻害程度的判定识别具有重要意义。目前,低温对猕猴桃的影响研究主要集中在冻害指标田间调查分析和品种抗寒性鉴定方面。屈振江等(2017)基于猕猴桃冻害田间调查资料构建了越冬冻害气象指标。Hewett等(1981)通过测定低温处理后猕猴桃枝条发芽率的方法,探讨不同季节气温对猕猴桃的低温损伤表现;Burak等(2004)采用−10 ℃、−13 ℃和−15 ℃低温处理后调查萌芽率,对土耳其新引进猕猴桃品种进行抗寒性评价;孙世航(2018)用一年生猕猴桃枝条进行低温胁迫处理,对16个种51个不同基因型的猕猴桃种质的抗寒性进行评价。田间调查法虽然可直观看出植株的冻害情况,但极端天气并非经常出现,研究呈现间断性,且缺少冻害地段的实时气象资料,难以准确建立冻害程度与气象资料的对应关系;猕猴桃抗寒性评价方法注重品种间抗低温性能的比较,对不同低温强度可能造成的伤害程度关注不足。本研究利用MSX-2F人工模拟霜箱系统对历史上出现的典型低温冻害过程进行模拟再现,通过低温处理后结果母枝生长恢复法、组织褐变法、细胞结冰点温度法和细胞电导率法,探讨猕猴桃主栽品种结果母枝低温冻害特征,构建猕猴桃越冬冻害温度指标,以期为猕猴桃种植区域的引种推广适宜性评价、越冬冻害的预测防御及灾害评估等提供农业气象理论支持。

7.1 技术与方法

7.1.1 研究地概况

研究地位于我国商业化栽培起步最早、栽培规模最大的秦岭北麓猕猴桃产区,地理坐标为34°04′N,108°27′E,海拔457 m。年平均气温13.2 ℃,最热月平均气温26.1 ℃,最冷月平均气温−0.7 ℃,极端最高气温42.2 ℃,极端最低气温−20.2 ℃,地面极端最低温度−23.8 ℃,年均无霜期220 d,年均降水量660 mm,年均降雨日数100 d,年均日照百分率42%,年均相对湿度73%,属暖温带季风气候。试验于2020/2021年冬季在陕西省农业遥感与经济作物气象服务中心进行。

7.1.2 研究材料

供试材料为中华猕猴桃红阳、美味猕猴桃徐香、翠香、海沃德、瑞玉、金福 6 个品种休眠期枝条,取自陕西省西安佰瑞猕猴桃研究院及附近猕猴桃冬剪果园一年生成熟枝条(次年结果母枝),于 0 ℃左右冰箱保湿贮藏。红阳、徐香、海沃德为国内猕猴桃主栽品种,翠香为秦岭北麓猕猴桃产区主栽品种,瑞玉、金福为秦岭北麓猕猴桃产区新出品种。

7.1.3 试验方法

试验采用 MSX-2F 人工模拟霜箱系统,内设 40 只热电偶温度传感器,每只传感器按照 10 s 间隔记录数据,监测试验材料温度变化。系统能够根据设定好的降温曲线模拟低温冻害过程。

7.1.3.1 试验设计

(1)自然冻害过程模拟

选取历史上有灾害记录的 5 次自然冻害过程,过程最低气温分别为 −20.2 ℃(1997 年 1 月 2 日,周至)、−17.0 ℃(2020 年 12 月 26 日,眉县)、−16.0 ℃(1991 年 12 月 28 日,眉县)、−13.5 ℃(2012 年 1 月 25 日,眉县)、−11.9 ℃(1997 年 1 月 9 日,眉县),过程温度曲线如图 7.1 所示,以此设计霜箱的降温曲线,分别代表低温强度为 −20 ℃、−18 ℃、−16 ℃、−14 ℃、−12 ℃ 的越冬冻害。−20.2 ℃为秦岭北麓猕猴桃产区周至县历史极端最低气温,出现在猕猴桃商业栽培之前,无灾害损失记录。

选生长基本一致的红阳、徐香、翠香、海沃德、瑞玉、金福 6 个品种的猕猴桃结果母枝,剪成 30 cm 的枝段,每个品种取 10 个枝条共 60 枝放入 MSX-2F 人工模拟霜箱进行自然冻害过程模拟处理,处理结束后缓慢升温至室温后取出进行试验观测。枝条取样果园取样前在大田经历了 2020/2021 冬季 −10 ℃的低温过程,其枝条观测数据用作 −10 ℃自然冻害过程样本。

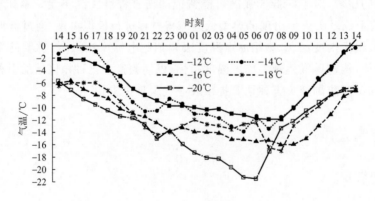

图 7.1 猕猴桃越冬期 5 次自然冻害过程温度变化曲线

(2)低温强度和持续时间组合试验

为探索不同低温强度和持续时间组合与低温伤害的定量关系,设置 −10 ℃、−12 ℃、−14 ℃、−16 ℃、−18 ℃、−20 ℃、−22 ℃ 7 个温度梯度和 1 h、3 h、5 h、7 h 4 个时间梯度,共 28 个处理进行低温强度和持续时间的冻害试验。选红阳、徐香、翠香 3 个代表品种,每个品种取 12 只枝条分 4 组用自封袋保湿封装,每袋 3 只枝条为重复,放入人工模拟霜箱中进行低温强度和持续时间组合处理,试验开始前,霜箱以 2 ℃/h 降温速度对枝条进行预冷却,预冷时间 2.5~5.0 h,至设计低温后计时开始低温冻害梯度模拟,每隔 1 h、3 h、5 h、7 h 分别取出 1 组枝条放入 0 ℃冰箱缓慢回温 1 d 后进行结果母枝韧皮部电导率测定。

7.1.3.2   研究方法

(1)猕猴桃结果母枝过冷却点温度测定

根据植物体内溶液的"过冷却现象"判断植物的低温反应是近年发展起来的新技术。植物体细胞溶液的结冰温度往往在 0 ℃以下,当环境温度持续下降时,细胞溶液在某一温度点开始结冰释放潜热,植物体温度由降转升,出现谷值跳跃现象,该起跳点温度就是植物体过冷却点温度;植物体内溶液结冰形成冰晶核,放热与吸热处于平衡状态时,温度不再升高,此时的温度即植物体结冰点温度。可以通过监测植株体冷冻过程的温度变化来确定植物体的过冷却点温度和结冰点温度。过冷却点是衡量植株抗冻能力的重要指标,过冷却点越低,说明抗冻能力越强,越耐冻。本研究选取 6 个品种的猕猴桃枝条,3 次重复,用刀片在枝条表皮斜切至木质部,将 T-G0.32 型热电偶温度传感器探头置于韧皮部与木质部之间的切口中,用塑料薄膜包裹切口固定探头并阻止枝条失水,温度传感器与 FrosTem40 数据采集系统和电脑连接,每隔 10 s 记录 1 次,温度控制精度±0.5 ℃,自动连续记录猕猴桃结果母枝温度变化,以此观测不同品种猕猴桃枝条的过冷却点和结冰点温度。

(2)猕猴桃结果母枝细胞低温伤害率测定

植物在低温胁迫下细胞内水溶性物质外渗,引起细胞导电性的变化。电导率的大小与植物受冷害的程度正相关,可以直观反映受低温胁迫后细胞的膜损伤程度。试验剪取对照和冷冻处理后的枝条约 5 cm,避开芽眼,切削枝条外表皮至木质部表层成 0.1 cm 的薄片,称取 0.5 g 样品,放入加有 20 ml 去离子水的 50 ml 试管中,在室温条件下浸提 24 h,摇匀后用 DDS-307A 型电导率仪测定初始电导率(C_1),C_1 代表低温处理后枝条的电解质渗出量。之后试管口加塞封闭,将其置入沸水中水浴 30 min,在室温条件下继续浸提 24 h,测定最终电导率(C_2),C_2 代表枝条原生质膜被全部破坏后所渗出的电解质总量。各处理重复测定 3 次,取平均值,计算不同处理相对电导率和细胞膜伤害率。

$$相对电导率 = C_1/C_2 \times 100\%$$

$$细胞膜伤害率 = [(R_t - R_{ck})/(100 - R_{ck})] \times 100\%$$

式中,R_t 为低温处理下的相对电导率即电解质渗出率;R_{ck} 为对照处理的电解质渗出率。

将各温度处理下的细胞伤害率进行 Logistic 方程 $y = k/(1 + ae^{-bx})$ 拟合,y 为细胞伤害率,x 为相应的处理温度,k 为细胞伤害率的饱和容量(在本试验中为 100),a、b 为参数。经线性变成后计算参数 a 和 b 的值及相关系数 r,进而求得拐点温度(x),$x = \ln(a)/b$,即为细胞半致死温度(LT_{50})值。

(3)低温对猕猴桃结果母枝芽、枝伤害指数的确定

经自然冻害过程模拟处理的枝条与对照枝条一起,在室温 18 ℃左右、自然光照条件下采用水培法培养,其间每隔 3 d 换水 1 次,并剪去枝条基部 2~3 mm,露出新茬。水培 30 d 后观测统计低温伤害后结果母枝正常芽存留率、芽座和枝条褐变率。

① 猕猴桃结果母枝芽冻害形态分级

0 级:低温胁迫后经水培主芽正常萌发;或未萌发但芽座海绵体正常、主芽轴正常,芽座活

性未受低温影响,为正常芽。

1级:主芽受冻,主芽芽轴褐变或干枯,不能萌发出结果枝,丧失结果能力;芽座海绵体正常,副芽存活,可萌发出营养枝,为冻伤芽。

2级:主芽芽轴褐变或干枯,不能萌发出结果枝,丧失结果能力;芽座海绵体褐变,副芽也丧失萌发力,不能萌发出营养枝,影响次年结果,为褐变芽。

② 猕猴桃枝条冻害形态分级

0级:韧皮部鲜绿正常。

1级:韧皮部大部绿色,局部褐变。

2级:韧皮部大部褐变,局部存有绿色。

3级:韧皮部失绿褐变。

低温和对照处理每个品种调查 10 只枝条,统计芽座、枝条冻害级别,计算冻害指数。

冻害指数=∑(各级冻害发生的枝数或芽数×相应等级值)/(调查总枝数或总芽数×最高等级值)×100%。

对芽冻害指数与处理温度进行 Logistic 拟合分析,建立芽冻害指数与低温的关系模型。

用 Excel 进行数据统计,用 SPSS18.0 软件分析相关系数并计算 Logistic 方程拟合参数。

7.2 结果与分析

7.2.1 6个猕猴桃品种的过冷却点温度

不同猕猴桃品种结果母枝的过冷却点及结冰点如表 7.1 所示。观测结果显示,过冷却点以瑞玉猕猴桃最低,为−3.4 ℃,与之相近的有海沃德,为−3.2 ℃,徐香、金福、翠香 3 品种基本相近,分别为−2.0 ℃、−1.7 ℃、−1.7 ℃,红阳猕猴桃过冷却点最高,为−1.4 ℃。各品种结冰点特征与过冷却点相似。依结果母枝过冷却点温度高低,可将 6 个猕猴桃品种的抗冻性能分为 3 个类型:瑞玉、海沃德为强抗低温类型;徐香、金福、翠香为中抗低温类型;红阳为弱抗低温类型。

表 7.1 不同猕猴桃品种结果母枝过冷却点和结冰点温度

品种	海沃德	徐香	金福	瑞玉	翠香	红阳
过冷却点/℃	−3.2	−2.0	−1.7	−3.4	−1.7	−1.4
结冰点/℃	−1.4	−0.8	−0.7	−1.8	−0.6	−0.2
跃升值/℃	1.8	1.2	1.0	1.6	1.1	1.2

7.2.2 自然冻害过程对结果母枝的影响

7.2.2.1 自然冻害过程对猕猴桃结果母枝芽活性的影响

(1)低温胁迫下正常芽存留率变化特征

猕猴桃结果母枝芽的活性直接影响结果枝的萌发量和挂果量。不同强度自然冻害处理的猕猴桃结果母枝正常芽存留率如图 7.2 所示。图 7.2 数据显示,不同品种猕猴桃正常芽存留率随低温强度变化差异比较明显。在经历低温强度为−10 ℃的低温冻害过程后,各品种的正常芽存留率在 80% 左右,相差不大。随低温强度加大,正常芽存留率随之减小,其中减幅最大的为翠香品种,到 −16 ℃ 时正常芽存留率仅为 6.7%,平均减幅为 10.6%/℃;减幅最小的是瑞玉品种,平均减幅为 7.6%/℃。在经历最低温度 −18 ℃ 的强冻害过程后,徐香、瑞玉、海沃德 3 品种尚有 7.4%~20.7% 的正常芽存留,表现出较强的抗低温能力,翠香、金福、红阳 3 品种在 −18 ℃ 低温冻害下已无正常芽存留;在 −20 ℃ 低温冻害下,6 个猕猴桃品种均无正常芽存留。

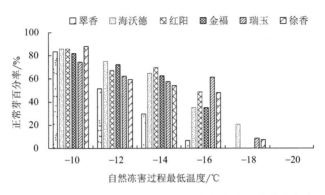

图 7.2　不同强度自然冻害过程下猕猴桃结果母枝芽存留率

(2)不同低温胁迫下冻伤芽变化特征

猕猴桃结果母枝上的芽座由 1 个主芽、2 个副芽和外围海绵体构成,正常情况下主芽萌发结果,副芽潜伏,主芽受伤后可刺激副芽萌发成营养枝,当年丧失结果能力。图 7.3 为不同低温胁迫下猕猴桃结果母枝冻伤芽的变化趋势。图 7.3 显示,在 −10~−16 ℃ 低温胁迫下,随低温强度加大,猕猴桃主芽冻伤率逐渐增多,各品种主芽冻伤率在 −16 ℃ 时达最大,表明此阶段低温胁迫主要伤害对象为芽座中的主芽,芽座海绵体及副芽尚未明显损伤。在 −10 ℃、−12 ℃、−14 ℃、−16 ℃ 低温胁迫下,各品种之间,以翠香猕猴桃主芽对低温胁迫最为敏感,主芽受伤率均最大,分别为 16.7%、27.3%、44.4%、86.7%;红阳猕猴桃主芽对低温胁迫敏感性最低,主芽受伤率均最小,分别为 14.3%、12.3%、12.2%、36.6%;低温强度超过 −16 ℃ 之后,主芽冻伤率急剧减小,猕猴桃芽座冻害由主芽受冻型转为芽座褐变型,主芽、副芽均受到低温冻害影响,芽座受冻程度发生质的转变。

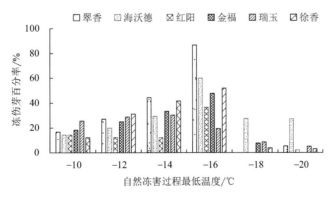

图 7.3　不同强度自然冻害过程下猕猴桃结果母枝芽冻伤率

(3)不同低温胁迫下褐变芽变化特征

猕猴桃结果母枝芽座褐变随低温强度的变化如图 7.4 所示。图 7.4 显示,在 −10 ℃ 低温胁迫下,各品种均未出现芽座褐变现象,在-12～-16 ℃条件下,平均芽座褐变率维持在10%左右的较低水平,当低温强度达到-18～-20 ℃时,褐变率急剧上升,-18 ℃为芽座褐变的突变点。就品种而言,海沃德品种的芽座褐变率最小,在-18 ℃时为51.7%,在-20 ℃时为72.7%,表现出极强的抗低温能力,显著低于其他品种;翠香、红阳2品种芽褐变率最高,在-18 ℃时已达到100%,抗低温能力较弱;瑞玉和徐香的芽褐变率在-18 ℃时为82.9%、88.9%,抗低温能力居中。

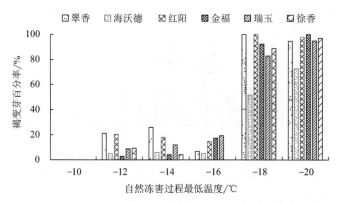

图7.4　不同强度自然冻害过程下猕猴桃结果母枝芽褐变率

(4)不同低温胁迫下芽冻害指数变化特征

为定量描述低温与芽活性的关系,用芽冻伤指数反映低温强度对正常芽存留、主芽冻伤、芽座褐变的综合影响。图7.5为猕猴桃芽冻害指数随低温强度的变化趋势。可以看出,随低温强度加大,猕猴桃结果母枝芽冻害指数呈"S"变化。在-10 ℃低温下,各品种芽冻害指数在6.1%～12.9%,品种间差异不大;随温度进一步降低,6个品种的芽冻害指数逐渐增大,种间差异也变得比较明显;-20 ℃强低温条件下,除海沃德冻害指数86.4%处于较低水平外,翠香、红阳、金福、瑞玉、徐香的冻害指数分别达到97.3%、98.9%、100%、97.4%、98.5%的高值,表明猕猴桃结果母枝芽达到几乎全部受损的程度。

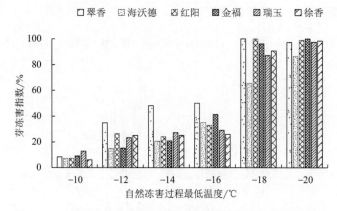

图7.5　不同强度自然冻害过程下猕猴桃结果母枝芽冻害指数

对温度与6个猕猴桃品种芽冻害指数进行Logistic方程拟合分析,获得翠香、海沃德、红阳、金福、瑞玉、徐香的Logistic方程分别为 $y=100/(1+2461.96e^{0.75x})$、$y=100/(1+$

$240.06e^{0.43x}$）、$y=100/(1+9541.10e^{0.85x}$）、$y=100/(1+16974.71e^{0.88x}$）、$y=100/(1+454.54e^{0.53x}$）和 $y=100/(1+1642.33e^{0.64x}$），方程的拟合度（$R^2$）分别为 0.69、0.97、0.71、0.84、0.83、0.85，分别达到 P 值为 0.04、0.00、0.04、0.01、0.01、0.01 的显著水平，说明获得的 Logistic 方程可靠性较强。根据 Logistic 方程进一步计算得到翠香、海沃德、红阳、金福、瑞玉、徐香猕猴桃结果母枝芽的半致死温度（LT_{50}），分别为 -13.4 ℃、-16.5 ℃、-13.8 ℃、-14.2 ℃、-14.8 ℃、-14.9 ℃，并据此推断 6 个猕猴桃品种的抗低温性能由强到弱依次为海沃德、徐香、瑞玉、金福、红阳、翠香。

7.2.2.2　自然冻害过程对猕猴桃结果母枝活性的影响

低温冻害对猕猴桃结果母枝的伤害在韧皮部有明显反映，低温伤害程度越大，韧皮部褐变程度越高。图 7.6 为不同低温强度下猕猴桃结果母枝韧皮部冻害指数的变化趋势。图 7.6 显示，$-10\sim-14$ ℃的低温，猕猴桃结果母枝冻害指数 0%～10%，枝条发生冻害的概率很小；在 -16 ℃低温条件下，翠香、金福、瑞玉 3 品种开始出现结果母枝受冻褐变现象，冻害指数分别为 13.3%、13.3% 和 16.7%，红阳、海沃德、徐香此时未出现枝条受冻现象；低温强度增至 -18 ℃，6 个猕猴桃品种枝条受冻指数显著增加，其中翠香、红阳 2 品种受冻指数趋于 100%，几乎全部受冻褐变，金福、徐香 2 品种受冻指数为 63.3%，海沃德、瑞玉 2 品种冻害指数较低，分别为 26.7%、36%；低温强度增至 -20 ℃，除翠香、红阳 2 品种维持受冻指数接近或达到 100% 状态外，瑞玉品种的受冻指数大幅增加至 83.3%，金福品种受冻指数增幅较缓，增至 74.1%，海沃德、徐香略有增加，受冻指数增至 30.0%、66.7%。就品种而言，翠香、红阳 2 品种结果母枝抗冻性最差，瑞玉、金福、徐香 3 品种抗冻性居中，海沃德品种抗冻性能最强。

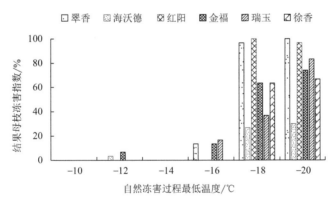

图 7.6　不同强度自然冻害过程下猕猴桃结果母枝冻害指数

7.2.3　低温强度和持续时间对猕猴桃结果母枝细胞伤害率的影响

对 -10 ℃、-12 ℃、-14 ℃、-16 ℃、-18 ℃、-20 ℃、-22 ℃ 7 个温度梯度和 1 h、3 h、5 h、7 h 4 个低温持续时间梯度共 28 个处理的猕猴桃结果母枝细胞伤害率进行线性化处理，分析其与低温强度、持续时间及 $\leqslant-10$ ℃、$\leqslant-12$ ℃、$\leqslant-14$ ℃、$\leqslant-16$ ℃的小时有效负积温（℃·h）的相关性，发现猕猴桃结果母枝细胞伤害率与低温强度呈极显著相关（$P=0.000$）；与 $\leqslant-10$ ℃、$\leqslant-12$ ℃、$\leqslant-14$ ℃、$\leqslant-16$ ℃小时有效负积温也呈极显著相关，但相关系数均小于与低温强度的相关性；与低温持续时间相关不显著。据此，用不同持续时间处理的细胞伤害率的平均值与低温强度进行特征分析。

图 7.7 为红阳、徐香、翠香 3 个猕猴桃品种结果母枝细胞伤害率随低温强度的变化趋势。测定结果表明,3 个猕猴桃品种枝条的细胞伤害率总体上随低温强度的增加而逐渐增大,即温度越低导致细胞膜的透性越大。在 -10 ℃、-12 ℃、-14 ℃低温条件下,3 种猕猴桃枝条的细胞伤害率随温度降低而缓慢增大,其中以红阳、翠香的增加幅度较大,温度每降低 1 ℃细胞伤害率增加约 5%,徐香的增幅相对较小,温度每降低 1 ℃细胞伤害率增加约 3%;在 -16 ℃、-18 ℃、-20 ℃低温条件下,3 种猕猴桃枝条的细胞伤害率随温度降低显著增加,增加幅度在 7%~10%/℃;到 -20~-22 ℃,3 种猕猴桃枝条的细胞伤害率随温度进一步降低几乎不再增加,细胞伤害程度达到最大。

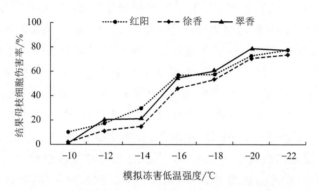

图 7.7　不同低温强度下猕猴桃结果母枝细胞伤害率

对温度与 3 个品种猕猴桃枝条细胞伤害率进行 Logistic 方程拟合分析,红阳、徐香、翠香的拟合度(R^2)分别为 0.9783、0.9671、0.9078,拟合度均达到极显著水平($P<0.01$),表明方程可靠性较好。根据 Logistic 方程计算出红阳、徐香、翠香枝条的细胞半致死温度(LT_{50}),分别为 14.8 ℃、16.4 ℃、15.3 ℃,据此推断 3 个猕猴桃品种结果母枝的抗低温冻害性能由强到弱依次为徐香、翠香、红阳。

7.2.4　猕猴桃结果母枝低温冻害指标的构建

在不同强度低温处理试验获得的猕猴桃结果母枝细胞过冷却点温度、芽存留率、芽冻害指数、枝条冻伤指数、枝条细胞伤害率等参数中,以结果母枝芽冻害指数的连续性和稳定性较好,也能直观反映低温强度对产量的影响,故以结果母枝芽冻害指数为主要参数,兼顾其他低温冻害参数,构建猕猴桃结果母枝低温冻害等级指标如下:

1 级:轻度减产型冻害。芽冻害指数≤10%,正常芽存留率在 80%左右,结果母枝细胞伤害率低于 20%,无低温导致的芽褐变、枝褐变发生,对产量影响在 10%以内。

2 级:中度减产型冻害。芽冻害指数 10%~30%,正常芽存留率 60%~80%,结果母枝细胞伤害率 20%左右,≤5%的芽受冻褐变失去萌发力,无低温导致的枝条褐变发生,产量因冻害减产 10%~30%。

3 级:重度减产型冻害。芽冻害指数 30%~50%,低温强度达到猕猴桃结果母枝芽的半致死温度;正常芽存留率 40%~60%,结果母枝细胞伤害率 20%~30%左右,10%左右的芽受冻褐变失去萌发力,低温致枝条褐变率≤10%,产量因冻害减产 30%~60%;低温主要降低正芽萌发,影响当年产量,副芽可正常萌发出营养枝,不影响次年产量。

4 级:绝收型冻害。芽冻害指数 50%～80%,低温强度介于猕猴桃结果母枝芽半致死温度和枝条细胞半致死温度;正常芽存留率小于 40%,60% 以上的正芽受冻失去结果能力,严重影响当年产量;20%～40% 的芽座受冻褐变,副芽失去萌发能力,对次年产量影响明显;结果母枝细胞伤害率 30%～60% 左右,低温冻害致枝条褐变率≥25%;产量因冻害减产 60%～90%。

5 级:致死型冻害。芽冻害指数≥80%,低温强度超过猕猴桃结果母枝细胞半致死温度;结果母枝细胞伤害率≥50%,低温致枝条褐变率≥25%,抗冻性差的品种枝条几乎全部褐变死亡。

以上述低温冻害分级标准,由各品种结果母枝芽冻害指数 Logistic 拟合方程,计算出 6 种猕猴桃结果母枝各级冻害温度指标列于表 7.2。表 7.2 数据显示,在各级猕猴桃结果母枝冻害指标中,以海沃德的温度指标最低,抗低温冻害能力最强;红阳、翠香的温度指标偏高,抗低温冻害能力最差;金福、瑞玉、徐香的温度指标居中,抗低温冻害能力中等,其中瑞玉、徐香强于金福。

表 7.2　6 种猕猴桃结果母枝低温冻害分级指标

品种	结果母枝低温冻害等级温度				
	1 级	2 级	3 级	4 级	5 级
翠香	≥−10.5	−10.5～−12.0	−12.0～−13.5	−13.5～−15.0	<−15.0
海沃德	≥−11.5	−11.5～−14.5	−14.5～−16.5	−16.5～−20.0	<−20.0
红阳	≥−11.0	−11.0～−13.0	−13.0～−14.0	−14.0～−15.5	<−15.5
金福	≥−11.5	−11.5～−13.0	−13.0～−14.0	−14.0～−16.0	<−16.0
瑞玉	≥−10.5	−10.5～−13.0	−13.0～−15.0	−15.0～−17.5	<−17.5
徐香	≥−11.5	−11.5～−13.5	−13.5～−15.0	−15.0～−17.0	<−17.0

7.2.5　猕猴桃越冬冻害指标验证

2021 年 1 月 7—9 日,武功县贞元镇出现一次降温过程,1 月 8 日该镇所在气象站最低温度−12.9 ℃(图 7.8),为当年冬季最低气温,达到翠香猕猴桃 3 级冻害指标。据萌芽期田间调

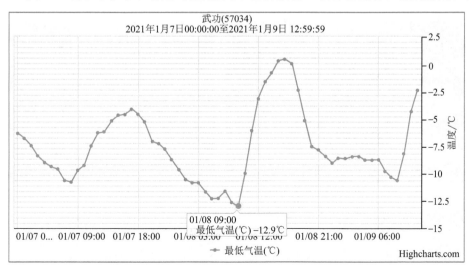

图 7.8　猕猴桃产区一次低温过程截图

查,该镇翠香猕猴桃结果母枝出现受冻现象,芽受冻后萌发率减少,芽冻害率在40%以上(图7.9),低温强度、猕猴桃低温冻害症状与表7.2结果母枝低温冻害分级指标结果相一致。

图7.9 翠香猕猴桃结果母枝受冻情况

7.2.6 猕猴桃结果母枝越冬冻害形态特征(徐香(图7.10))

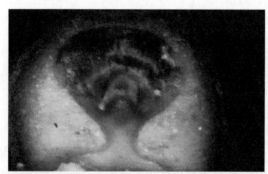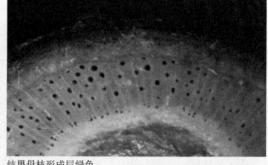

正常越冬花芽绿色,结果母枝形成层绿色

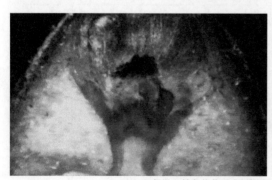

−12℃低温,越冬花芽形成层褐变,结果母枝形成层部分褐变(2级冻害)

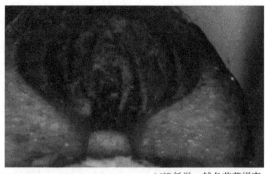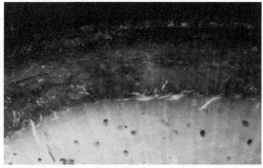

−16℃低温，越冬花芽褐变，结果母枝形成层褐变(4级冻害)

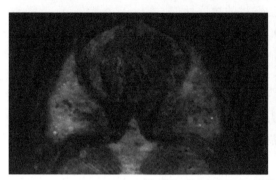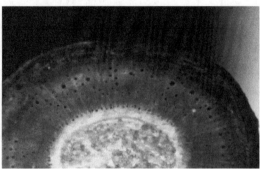

−20℃低温，越冬花芽褐变，结果母枝形成层、木质部褐变(5级冻害)

图 7.10　不同低温强度下猕猴桃花芽及结果母枝冻害形态特征

7.3　结论与讨论

植物细胞的过冷却点温度是植物抗低温性能的重要指标,本试验的结果显示,猕猴桃结果母枝的过冷却点温度远高于猕猴桃芽座、枝条的受冻温度,表明猕猴桃结果母枝细胞结冰产生的机械伤害可能不是导致低温伤害的主要原因,高强度低温导致猕猴桃结果母枝细胞膜理化性质的改变可能是造成猕猴桃结果母枝低温伤害的主要因素,应在制定和实施猕猴桃越冬低温冻害防御措施方面予以必要关注。

1991 年 12 月 28—29 日,秦岭北麓猕猴桃主产区出现一次低温冻害过程,周至县国家气象站 1.5 m 百叶箱最低温度−14.3 ℃,0 cm 地面温度−21.2 ℃;与周至县毗邻的眉县国家气象站 1.5 m 百叶箱最低温度−15.6 ℃;周至县猕猴桃试验站观测到的最低温度达到−20.1 ℃。此次低温过程导致 1992 年周至县猕猴桃减产 50％～95％,部分果园绝收。周至县猕猴桃试验站美味系秦美猕猴桃 1 年生结果母枝主芽 80％受冻失去萌发、结果能力,结果母枝副芽基本未受低温冻害,30％～40％的结果母枝基部 10～15 cm 处发生严重的枝干受冻褐变腐烂症状,果实产量仅为上年的 1％(数据来源:周至县猕猴桃试验站猕猴桃日志)。针对一次冻害过程出现数值迥异的温度资料,采用田间调查法难以建立精准可靠的低温冻害温度指标。本文基于不同强度低温处理试验获得的猕猴桃结果母枝细胞过冷却点温度、芽存留率、芽冻害指数、枝条冻伤指数、枝条细胞伤害率等参数,以与产量形成关系密切的结果母枝芽冻害指数为主,兼顾其他指标的影响,构建的猕猴桃结果母枝低温冻害指标,定量、实用的特点更为明显。

　　国内外调查和试验研究结果表明,不同品种猕猴桃的抗低温冻害性能有明显差异。黄永红等(2016)针对泰山南麓猕猴桃冻害调查表明,红阳品种的抗冻力较强,徐香抗冻力较弱;齐秀娟等(2011)调查发现中华猕猴桃抗冻能力强于美味猕猴桃;刘占德等(2017)连续5年对秦岭北麓猕猴桃主产区调查结果认为,海沃德抗冻性最强,其次是徐香,红阳抗冻能力最差。本章研究得到的海沃德抗低温冻害能力最强,红阳、翠香抗低温冻害能力最差,金福、瑞玉、徐香抗低温冻害能力居中的结论与刘占德等(2017)的研究结论基本一致。不同学者之间出现的结论差异可能与不同气候种植区猕猴桃冬前生长期的营养储备和气候驯化有关。据调查,河北省邢台市猕猴桃种植户从陕西、山东引种猕猴桃种植,当年越冬死亡率超过3/4,之后用经历低温冻害后存活的猕猴桃树进行嫁接扩繁,成功度过了2020/2021年冬季-23℃的超强低温,表明经低温驯化和低温选种后可显著改变猕猴桃的抗冻性能。

　　Dozierr等(1992)研究认为,中华猕猴桃和美味猕猴桃休眠枝条冬季抗冻阈值在-10~-18℃;屈振江等(2017)认为-8℃~-10℃猕猴桃即可出现轻度越冬冻害;张力田等(2001)调查结果认为,-14℃猕猴桃无冻害,-18℃部分猕猴桃品种出现冻害。本章确定的6种猕猴桃结果母枝轻度冻害温度阈值10.5~11.0℃,-10~-16℃的低温冻害主要影响结果母枝主芽活性,进而影响当年产量,对副芽活力影响有限,来年产量可恢复正常。低于-18℃的低温冻害对主、副芽的活性均有影响,进而影响以后1~2年的产量;-20℃以下的低温冻害可造成结果母枝的大量死亡。

　　一般认为,低温冻害的损伤程度与低温持续时间关系密切。本研究试验数据显示,冻害程度与低温持续时间显著性并不明显,可能的原因是,在自然降温过程中,最低温度强度越大,其降温过程时间越长,低温强度中已经隐含了低温持续时间的影响。

　　本章利用MSX-2F人工模拟霜箱系统对历史上发生的猕猴桃典型低温冻害进行模拟再现,并对冬季可能低温环境进行了温度梯度与时间梯度的混合梯度模型试验,通过测量过冷却温度以及电导率法、冷冻处理后芽和枝条伤害指数法,对猕猴桃结果母枝进行了冻害指标与机理的研究。结果表明,在目前6个主产品种中,翠香、红阳抗冻性最弱,瑞玉、金福、徐香居中,海沃德最强;以与产量形成密切的结果母枝芽冻害指数为主要参数,将猕猴桃结果母枝低温冻害划分为轻度减产型冻害、中度减产型冻害、重度减产型冻害、绝收型冻害、致死型冻害5个等级,其对应的冻害温度阈值分别为10.5~11.0℃、-10.5~-14.5℃、-12.0~-16.5℃、-13.5~-20.0℃、-15.0~20.0℃;就多数品种而言,-10~-16℃低温冻害主要影响结果母枝主芽活性,进而影响当年产量,对副芽活力影响有限,来年产量可恢复正常。低于-18℃的低温冻害对主、副芽的活性均有影响,进而影响1~2年的产量;-20℃以下的低温冻害可造成结果母枝的大量死亡。

第8章　猕猴桃萌芽期霜冻害指标和夏季高温日灼指标

8.1　猕猴桃萌芽期春霜冻害指标

分别于 2020 年春季和 2021 年春季,利用 MSX-2F 人工模拟霜箱系统和低温控制箱,对陕西主栽品种徐香、翠香、红阳、金福进行了 37 个不同低温强度和持续时间的组合试验。采用细胞结冰点温度测定、低温胁迫细胞电导率的观测及低温处理后花蕾、茎秆、叶片形态变化和组织褐变观测,结合茎、叶、花蕾的形态变化特征,建立了猕猴桃春霜冻害指标(表 8.1、表 8.2);对早春低温冻害导致的生理伤害和形态伤害进行系统观测,形成灾害判别图像资料。

表 8.1　基于低温强度与持续时间的猕猴桃萌芽期霜冻指标

空气最低温度($T_{a_{min}}$)范围及持续时间(T)	图例颜色	霜冻等级	受害症状
$0.0\sim-0.49\ ℃,T\leqslant4\ h$ $-0.5\sim-0.99\ ℃,T\leqslant2\ h$ $-1.0\sim-1.49\ ℃,T\leqslant1\ h$	绿	无霜冻	气温低于 0 ℃,地面结霜,叶片、幼芽、花蕾基本不受影响
$0.0\sim-0.49\ ℃,T\geqslant5\ h$ $-0.5\sim-0.99\ ℃,T=3,4\ h$ $-1.0\sim-1.49\ ℃,T=2\ h$ $-1.5\sim-1.99\ ℃,T=1\ h$	黄	轻霜冻	$\leqslant1/3$ 叶片受冻,花蕾可正常开花;幼茎不受影响
$-0.5\sim-0.99\ ℃,T\geqslant5\ h$ $-1.0\sim-1.49\ ℃,T=3,4\ h$ $-1.5\sim-1.99\ ℃,T=2\ h$ $-2.0\sim-2.49\ ℃,T=1\ h$ $-2.5\sim-2.99\ ℃,T=1\ h$	红	中霜冻	幼茎上部 1/2 受冻;叶片受冻;花蕾受冻;基部隐芽正常、下部 1/2 幼茎正常,当年可恢复结果枝,当年绝产,不影响来年产量
$-1.5\sim-1.99\ ℃,T\geqslant3\ h$ $-2.0\sim-2.49\ ℃,T\geqslant2\ h$ $-2.5\sim-2.99\ ℃,T\geqslant2\ h$ $T_{a_{min}}\leqslant-3.0\ ℃,T\geqslant1\ h$	褐	重霜冻	幼茎、叶、花蕾冻死,隐芽或结果母枝受冻,需依靠不定芽形成年结果枝,当年恢复困难,影响来年产量

表 8.2　基于低温强度和持续时间的猕猴桃萌芽期霜冻指标图例

$T_{a_{min}}$ 范围/℃	$T_{a_{min}}$ 持续时间				
	1 h	2 h	3 h	4 h	5 h
−0.49～0.0					
−0.99～−0.5					
−1.49～−1.0					
−1.99～−1.5					
−2.49～−2.0					
−2.99～−2.5					
≤−3.0					

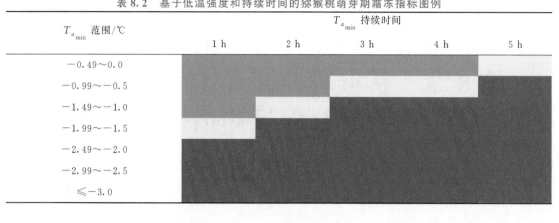

8.2　猕猴桃萌芽期春霜冻害等级形态特征

不同低温强度下猕猴桃霜冻害形态特征见图 8.1。

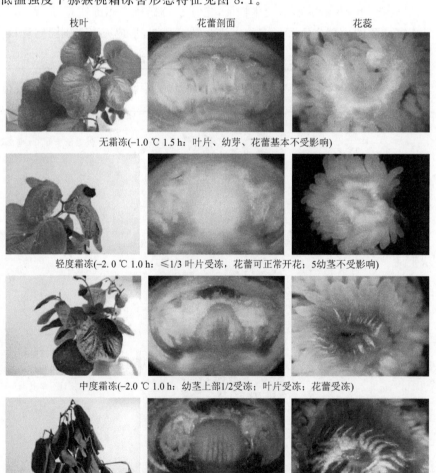

枝叶　　　　　　　　　花蕾剖面　　　　　　　　花蕊

无霜冻(−1.0 ℃ 1.5 h：叶片、幼芽、花蕾基本不受影响)

轻度霜冻(−2.0 ℃ 1.0 h：≤1/3 叶片受冻，花蕾可正常开花；5幼茎不受影响)

中度霜冻(−2.0 ℃ 1.0 h：幼茎上部1/2受冻；叶片受冻；花蕾受冻)

重度霜冻(−3.0 ℃ 0.5 h：幼茎、叶、花蕾冻死)

图 8.1　不同低温强度下猕猴桃霜冻害形态特征

8.3　猕猴桃果实日灼灾害温度指标

采用贴片式温度感应探头,探头感应部分覆盖减轻太阳辐射影响的材料,以便观测果面实际温度。避免探针式温度感应探头对果实的伤害。通过观测到的 7 次高温日灼过程及其对应的果面温度,确定了猕猴桃果实日灼发生的温度阈值为果面温度≥48 ℃;日灼灾害等级指标由果面日灼面积与高温程度及其持续时间组合构建而成(表 8.3);果实日灼等级与果面最高温度成二次曲线关系(图 8.2)。

表 8.3　猕猴桃果实高温日灼温度指标

日灼等级	果实阳面日灼程度	≥48 ℃累积持续时间/(℃·min)	果面最高温度/℃
0 级	无日灼斑或果面微黄和恢复	≤10	47.0
1 级	出现轻微小灼斑(≤10%)	10～30	48.4
2 级	1/3 果实阳面日灼斑(10%～30%)	30～120	50.4
3 级	1/2 果实阳面日灼斑(30%～60%)	120～200	51.5
4 级	3/4 果实阳面日灼斑(60%～90%)	200～360	51.3
5 级	90%以上灼斑	≥360	52.2

日灼等级与果面最高温度关系

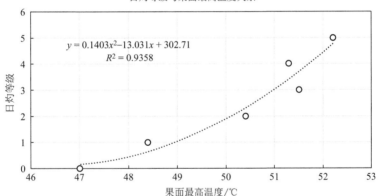

$$y = 0.1403x^2 - 13.031x + 302.71$$
$$R^2 = 0.9358$$

图 8.2　果面温度与果实日灼等级关系

8.4　猕猴桃果实日灼灾害等级形态特征

猕猴桃果实日灼灾害等级形态特征如图 8.3 所示。

0级：无灼斑

1级：灼斑≤10%

2级：灼斑10%～30%　　　　3级：灼斑30%～60%

4级：灼斑60%～90%　　　　5级：灼斑≥90%

图8.3　猕猴桃果实不同等级高温日灼形态特征

第9章 基于光谱指数的猕猴桃高温胁迫等效水厚度监测

随着全球气候变暖,夏季极端高温天气频繁出现,持续时间较长。高温逆境会影响果树自身抗逆基因的表达和调控水平,限制果树生长发育,最终造成果树热害甚至萎蔫死亡等不良反应。猕猴桃是一种不耐高温的藤本果树,35 ℃以上高温天气极易造成猕猴桃的枝、叶和茎灼伤,使叶片衰老脱落,严重时影响到果实的颜色,甚至导致产量降低。定量评估高温对猕猴桃生长的影响对猕猴桃优质高产尤为重要。

叶片等效水厚度(EWT)是评估果树生长状况及产量的一个重要参数。探究高温胁迫对猕猴桃叶片等效水厚度影响及监测方法对猕猴桃防灾减灾能力提升具有重要意义。传统测定猕猴桃叶片等效水厚度((鲜重-干重)/叶面积)方法需要对待测样品进行破坏处理。该方法局限于小面积测量,开展区域监测会给观测人员带来不便。地面高光谱遥感因其灵活、高时空分辨率,可捕获宽波段遥感中无法监测的微小变化,在猕猴桃等效水估算研究中具有应用优势。然而,如何从原始光谱数据中提取特征波段及有效信息是地面高光谱遥感反演猕猴桃叶片等效水厚度的关键。虽然现有研究探索了光谱指数对作物叶片等效水厚度的估算,但并未对高温胁迫后猕猴桃叶片光谱信息进行系统分析,这可能导致对高温胁迫后猕猴桃叶片等效水厚度敏感的波段未被开发利用。

为解决监测高温胁迫后猕猴桃叶片等效水厚度的敏感波段研究不足,本章提供快速、无损监测高温胁迫后猕猴桃叶片等效水厚度的光谱波段方法,筛选监测高温胁迫后猕猴桃叶片等效水厚度的光谱波段组合并构建光谱指数,该指数能为高温胁迫后猕猴桃叶片等效水厚度的区域遥感监测提供技术支持,给实验人员带来便利。

9.1 技术方案

本章所述的监测高温胁迫后猕猴桃叶片等效水厚度的光谱指数构建包括以下步骤:

(1)通过野外自然高温试验,测定 35 ℃以上高温天气持续 1 d、2 d、3 d 和 4 d 后,不同高温持续时间对猕猴桃叶片等效水厚度的影响。2021 年 7 月 29 日、7 月 30 日、7 月 31 日和 8 月 1 日的最高气温分别为 37.0 ℃、38.1 ℃、39.7 ℃和 40.0 ℃。在 7 月 29 日至 8 月 1 日,从猕猴桃样本树的树冠顶部不同枝干选取 150 个叶片样本,每棵树选取 3 片猕猴桃叶片。7 月 29 日和 7 月 30 日分别从 10 棵树中选取 60 个叶片样本,7 月 31 日和 8 月 1 日分别从 15 棵树中选取 90 个叶片样本。猕猴桃叶片样品采集后装入密封的塑料袋,保存在 5 ℃的冷却器中直至到达实验室。

(2)猕猴桃叶片光谱测定:利用美国 Analytical Spectral Device(ASD)公司生产的 Field-SpecProFR2500 型背挂式野外地物高光谱辐射仪进行猕猴桃叶片光谱数据采集。ASD 高光谱仪的波段测量范围为 350～2500 nm,其中在 350～1000 nm 的光谱采样间隔为 1.4 nm,光谱分辨率为 3 nm;在 1000～2500 nm 的光谱采样间隔为 2 nm,光谱分辨率为 10 nm。光纤安装在带有水平仪的枪头上,通过水平仪调节探头的角度,光纤视场角度为 25°,测定时传感器探头垂直向下,距叶片高度约 30 cm。每个叶片每次测量五个点,每个点以 5 条光谱为一采样光谱,以其均值作为该叶片的光谱数据,光谱曲线扫描设定时间为 0.2 s。

(3)猕猴桃叶片等效水厚度测定:猕猴桃叶片等效水厚度及叶片鲜重分别由 Canoscan-LiDe120(Canon,日本)和精度为 0.1 mg 的电子秤获得。猕猴桃叶片干重是将猕猴桃叶片置于烘箱 85 ℃烘 48 h 至恒重后测定获得。猕猴桃叶片等效水厚度(g/cm^2)计算公式如下:

$$叶片等效水厚度 = \frac{鲜重 - 干重}{叶面积}$$

(4)对获得的光谱数据进行预处理。首先剔除异常数据,之后利用光谱仪器自带软件 ViewSpecPro 处理突变点,通过软件中的 Splice correction 进行连接校正,将同一处理的光谱数据均值作为目标物体的最终光谱。

(5)将不同高温胁迫后的猕猴桃叶片光谱数据分为校正集和验证集两部分,选取 350～2500 nm 波段的校正集数据构建任意两波段归一化光谱指数(I_{NDV})、差值光谱指数(I_{DV})和比值光谱指数(I_{RV}),并在两波段归一化光谱指数(I_{NDV})和比值光谱指数(I_{RV})中加入另一个波段,构建六种形式的任意三波段光谱指数$(R_i - R_j)/(R_i + R_k)$,$R_i/(R_j + R_k)$,$R_i/(R_j \times R_k)$,$(R_i - R_k)/(R_j - R_k)$,$(R_i - R_j)/(R_i + R_j - 2R_k)$和$(R_i - R_j)/R_k$用以估算高温胁迫后猕猴桃叶片等效水厚度。其中:

$$I_{NDV} = \frac{(R_{\lambda_i} - R_{\lambda_j})}{(R_{\lambda_i} + R_{\lambda_j})}$$

$$I_{DV} = R_{\lambda_i} - R_{\lambda_j}$$

$$I_{RV} = \frac{R_{\lambda_i}}{R_{\lambda_j}}$$

式中,R_{λ_i}、R_{λ_j}、R_{λ_k}分别是波段λ_i nm、λ_j nm 和λ_k nm 处的光谱反射率值。

(6)基于校正集构建的所有两波段、三波段和已有光谱指数同高温胁迫后猕猴桃叶片等效水厚度进行相关性分析,获得估算高温胁迫后猕猴桃叶片等效水厚度的最优光谱指数。建立基于最优光谱指数的猕猴桃叶片等效水厚度的线性与非线性回归模型,通过比较模型决定系数(R^2)、均方根误差(R_{MSE})和预测偏差(R_{PD})以获得最优的校正回归模型方程。然后,在验证集应用所选的最佳校正回归模型及其参数,以获得高温胁迫后猕猴桃叶片等效水厚度的预测值。最后,基于实测值与预测值构建线性回归模型。其中,决定系数(R^2)、均方根误差(R_{MSE})和预测偏差(R_{PD})被用于评估模型的精度。通常认为,具有较低 R_{MSE} 和较高 R^2 和 R_{PD} 的模型精度较高。

$$R^2 = 1 - \frac{\sum_{i=1}^{n}(y_{mi} - y_{pi})^2}{\sum_{i=1}^{n}(y_{mi} - \overline{y})^2}$$

$$R_{MSE} = \sqrt{\frac{\sum_{i=1}^{n}(y_{pi} - y_{mi})^2}{n}}$$

$$R_{PD} = \frac{S_D}{R_{MSE}}$$

式中，y_{mi}、y_{pi} 和 $\bar{y}$ 分别为猕猴桃叶片等效水厚度的实测值、预测值和平均值；n 为样本数；S_D 为数据集的标准差。

如图 9.1 所示，首先获取不同程度高温胁迫后的猕猴桃叶片等效水厚度和同步测定叶片光谱数据。然后将猕猴桃叶片等效水厚度分为校正集和验证集两部分，并基于校正集数据构建了 350～2500 nm 波段的任意两波段（归一化、比值、差值）光谱指数、六种形式的三波段光谱指数用以估算猕猴桃叶片等效水厚度。通过比较新构建的光谱指数和已有光谱指数在估算高温胁迫后猕猴桃叶片等效水厚度的校正集和验证集模型精度，最终获得估算猕猴桃叶片等效水厚度效果最好的光谱指数及光谱波段组合。

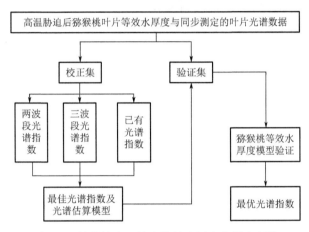

图 9.1　猕猴桃高温胁迫等效水厚度监测流程图

9.2　最佳光谱指数获取

将不同高温胁迫后的猕猴桃叶片等效水厚度分为校正集和验证集两部分。基于校正集数据构建了任意两波段归一化、比值和差值光谱指数，并分析了其与猕猴桃叶片等效水厚度之间的相关关系，筛选出以上三种形式的两波段光谱指数中估算猕猴桃叶片等效水厚度最好的光谱指数及估算模型（图 9.2）。通过比较模型验证精度获得猕猴桃叶片等效水厚度效果最好的两波段光谱指数 $I_{NDS}(R_{2144}R_{2148})$（图 9.3）。为进一步提高估算猕猴桃叶片等效水厚度的估算精度，基于校正数据构建了六种形式的三波段光谱指数 $(R_i-R_j)/(R_i+R_k)$，$R_i/(R_j+R_k)$，$R_i/(R_j \times R_k)$，$(R_i-R_k)/(R_j-R_k)$，$(R_i-R_j)/(R_i+R_j-2R_k)$ 和 $(R_i-R_j)/R_k$，通过比较校正集和验证集的模型精度，获得估算高温胁迫后猕猴桃叶片等效水厚度效果最好的三波段指数 $(R_{2039}-R_{2438})/R_{752}$。选取已有光谱指数用于估算猕猴桃叶片等效水厚度，通过比较模型精度获得估算猕猴桃叶片等效水厚度效果最好的已有光谱指数。

本研究通过系统分析可见光和近红外波段构成的两波段和三波段指数，获得估算猕猴桃叶片等效水厚度效果最好的光谱指数 $(R_{2039}-R_{2438})/R_{752}$，该指数基于验证集数据得到验证。$(R_{2039}-R_{2438})/R_{752}$ 由短波红外区域的 R_{2039}、R_{2438} 和近红外区域的 R_{944} 波段组合构成。

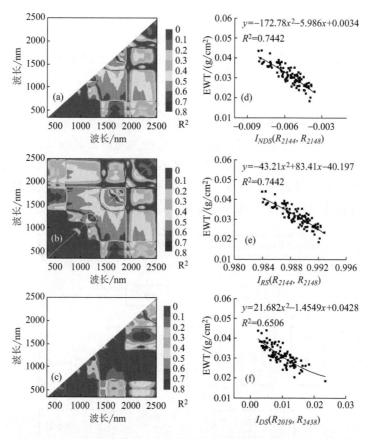

图 9.2 基于已有光谱指数监测猕猴桃叶片等效水厚度的验证结果

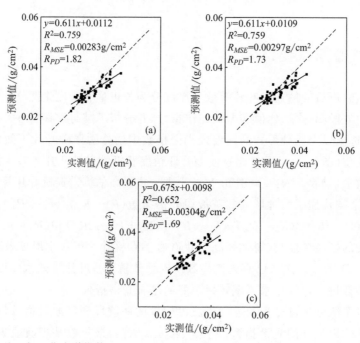

图 9.3 基于归一化光谱指数 $I_{NDS}(R_{2144}, R_{2148})$(a)比值光谱指数 $I_{RS}(R_{2144}, R_{2148})$(b)和
差值光谱指数 $I_{DS}(R_{2019}, R_{2438})$(c)的猕猴桃叶片等效水厚度实测值与预测值的比较

第10章 利用卫星遥感技术识别 低温冻害和高温热害

10.1 猕猴桃春霜冻害卫星遥感监测

10.1.1 卫星遥感资料处理方法

为全面评估低温过程,影像数据采用 MODISAQUA 地表温度(Land Surface Temperature,LST)日产品 MOD11A1,该数据包括日间地表温度(LST_Day_1 km)和夜间地表温度(LST_Night_1 km),空间分辨率为 1 km,经过了滤云处理,选取 LST_Night_1 km 数据。利用该数据对 2018 年春季发生于陕西关中地区的霜冻事件进行监测,下载覆盖全省的 2018 年 4 月 6—16 日的 LST 产品,将每景产品进行投影、拼接、裁剪、空值掩膜等预处理操作,产品的 D_N 值为扩大了的单位为开尔文的温度,通过官方算法转化为摄氏的温度,转换公式如下:

$$L_{ST_C} = D_N \times 0.02 - 272.15$$

式中,L_{ST_C} 为转化为摄氏度的地表温度值;D_N 为 MOD11A1 产品的像元值。

站点数据为全省 99 个国家级气象站点的日最低气温,通过陕西省一体化农业气象业务平台下载。

10.1.2 猕猴桃霜冻过程卫星遥感监测个例应用

以 2018 年 4 月春霜冻过程为例,分析猕猴桃果园周围 4 个气象站(周至、泾河、鄠邑、长安)4 月 6—8 日小时最低气温,其中 4 月 7 日最低气温为长安站−0.6 ℃,最高在泾河 1.5 ℃(图 10.1)。MOD11A1 监测过程与站点气温数据相符(图 10.2),表明可以利用卫星数据反演的夜间地表温度数据对霜冻进行空间大范围可视化监测。

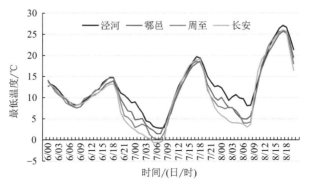

图 10.1 佰瑞猕猴桃果园周围 4 气象站日最低气温(2018 年 4 月 6—8 日)

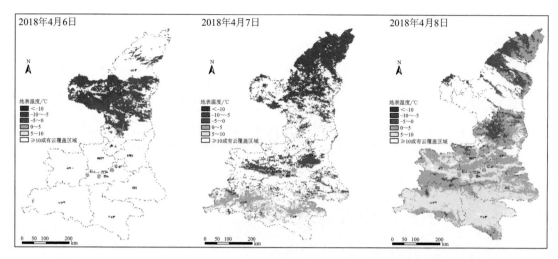

图 10.2　2018 年 4 月 6—8 日卫星遥感监测地表温度（MOD11A1）

　　对西北农林科技大学猕猴桃试验站（农大）和西安佰瑞佰瑞猕猴桃研究院（佰瑞）两个猕猴桃种植园在 2018 年 4 月霜冻过程的地表温度情况进行重点反演分析，4 月 7 日佰瑞和农大两地点的夜间地表温度为 −1～1 ℃，4 月 8 日在 5～10 ℃。表明在 4 月 7 日的降温过程中，佰瑞和农大两个猕猴桃种植园发生了较为严重的霜冻（图 10.3）。

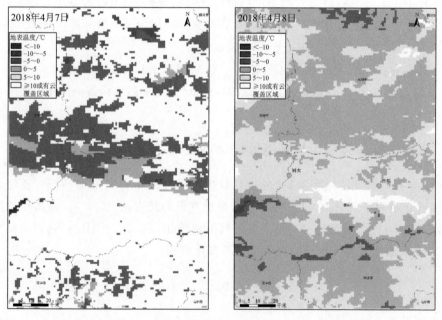

图 10.3　2018 年 4 月 7 日-8 日卫星遥感对佰瑞、农大猕猴桃园地表温度监测（MOD11A1）

10.2　猕猴桃高温热害卫星遥感监测

10.2.1　卫星遥感资料处理方法

　　采用 2012—2017 年 MOD13Q1（2000 年起）和 MYD13Q1（2002 年起）为数据源，采用该

数据集中的归一化植被指数(I_{NDV})进行猕猴桃长势分析,I_{NDV} 计算公式如下。

$$I_{NDV} = \frac{\rho_{NIR} - \rho_{RED}}{\rho_{NIR} + \rho_{RED}}$$

式中,ρ_{NIR} 和 ρ_{RED} 分别为近红外波段、红光波段的反射率。

MOD13Q1 和 MYD13Q1 数据集的 I_{NDV} 数据空间分辨率为 250 m,采用最大值合成法得到 16 d 一个产品,本次分析中两数据集结合使用后可将时间间隔缩短为 8 d。

基于 MRT(MODIS Reprojection Tool)软件对数据集进行预处理,进行投影转换、影像拼接、数据重采样等工作,将 HDF 格式转为 tif 格式。

在 MOD 和 MYD 的 2000—2017 年数据集中,选出 2012—2017 年 MODIS 产品生成时间分别为 153、161、169、177、185、193、201、209 的 NDVI 数据集,对应时间为每年的 6 月 2 日—8 月 4 日。

采用差值比较法,将受灾年份同期数据分别与近 5 年数据集均值做差比较,公式如下:

$$\Delta I_{NDV} = I_{NDV1} - I_{NDV_{avg}}$$

式中,ΔI_{NDV} 为归一化差植被指数的差值;I_{NDV1} 为当期期归一化植被指数;$I_{NDV_{avg}}$ 为近 5 年的植被指数同期均值。

10.2.2　猕猴桃高温热害卫星遥感监测个例应用

2017 年 6-8 月,猕猴桃主产区周至县、眉县≥35 ℃的日数分别为 32 d 和 27 d,较两地常年≥35 ℃平均高温日数 18.9 d 和 13.6 d 均多出 13 d。2017 年日最高气温周至 40.8 ℃,出现在 7 月 25 日,眉县 42.3 ℃,出现在 7 月 10 日,为典型的高温热害年份(图 10.4)。故以 2017 年为例,分析陕西西安佰瑞猕猴桃研究院猕猴桃果园(佰瑞)和西北农林科技大学眉县猕猴桃试验果园(农大)的高温热害卫星遥感监测应用效果。

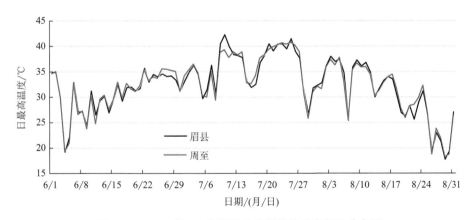

图 10.4　2017 年 6-8 月周至县和眉县日最高气温分布图

归一化植被指数差值(ΔI_{NDV})显示,佰瑞猕猴桃长势整体优于农大猕猴桃果园长势。前期(6 月 2 日—18 日)两果园长势均好于近 5 年均值。农大猕猴桃 6 月 26 日开始 ΔI_{NDV} 低于近 5 年平均水平,表明长势开始差于近 5 年平均水平。佰瑞猕猴桃 7 月 20 日开始 ΔI_{NDV} 降低至近 5 年平均水平,长势与近 5 年长势持平,7 月 28 日起长势低于近 5 年水平。其中农大猕猴桃在 7 月 20 日长势最差,佰瑞猕猴桃在 7 月 28 日长势最差(图 10.6—图 10.8)。

分析距离上述两果园最近的 2 个气象站周至(代表佰瑞猕猴桃果园)和眉县(代表农大猕猴桃果园)的气温和降水,6 月两站点最高温度大多低于 35 ℃,未出现明显的高温热害,整个 7 月份,大部分时间最高温度在 35 ℃以上,高温热害持续。降雨量来看,6 月上旬两地降水异常充沛,6 月中旬至 7 月下旬降雨量持续偏少(图 10.5)。6 月中下旬温度适宜降水偏少,猕猴桃归一化植被指数差值(ΔI_{NDV})趋于降低,此阶段少雨是主要影响因子;7 月份受高温和降水偏少共同影响,归一化植被指数进一步降低并低于近 5 年均值,猕猴桃长势转差,此阶段高温和干旱缺水共同影响猕猴桃生长。

上述猕猴桃长势卫星遥感监测结果分析表明,基于 MOD13Q1 和 MYD13Q1 卫星遥感数据,通过归一化植被指数差值(ΔI_{NDV})方法,可以实现猕猴桃长势大范围动态监测评估,猕猴桃长势动态监测评估结果与猕猴桃产区高温干旱演变趋势基本吻合;用植被指数差值(ΔI_{NDV})法监测高温和干旱对猕猴桃长势的影响,存在一定的滞后性,滞后的时效性约为半个月;当出现高温、干旱复合灾害时,植被指数差值(ΔI_{NDV})法不能确定猕猴桃长势受损是由高温或干旱单一因素影响所导致。

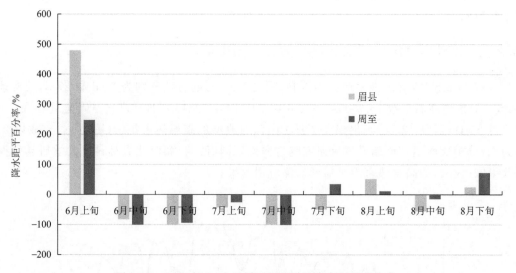

图 10.5 2017 年 6—8 月周至县和眉县降水距平百分率

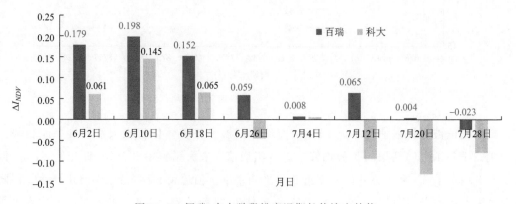

图 10.6 佰瑞、农大猕猴桃高温期长势演变趋势

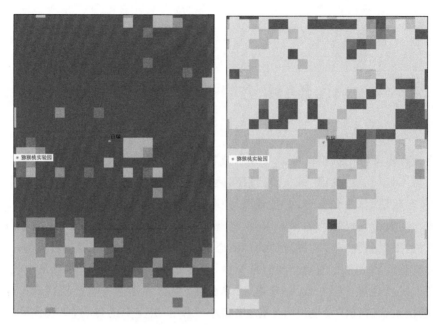

图 10.7 佰瑞猕猴桃长势时空分布对比（左 6 月 2 日，右 7 月 28 日）

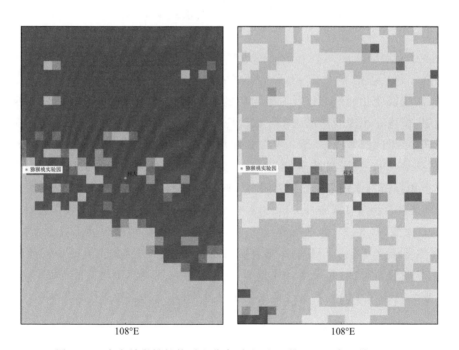

图 10.8 农大猕猴桃长势时空分布对比（左 6 月 10 日，右 7 月 20 日）

第11章 猕猴桃果园气象要素预测模型

猕猴桃为雌雄异株的大型落叶木质藤本植物,根系较浅,怕涝又不耐旱。当前,我国猕猴桃种植规模与产量均居世界第一位,陕西猕猴桃产量和面积居全国第一。陕西猕猴桃以周至、眉县为中心,东起渭南,西到宝鸡,北连咸阳,南跨汉中,猕猴桃产业已成为当地农民增收致富的主导产业。随着对气候特征的深入研究,局部小气候越来越受到重视。果园小气候是在大气候背景下,由果树品种、树龄、树冠结构与形态以及管理技术等综合影响形成的环境,果园小气候影响果树与其环境之间的物质和能量交换,直接影响果树的光合、呼吸及生长发育,而且对果园土壤有机质分解、养分的迁移转化、水热交换、生物多样性等有重要影响。随着气候变暖,陕西猕猴桃主栽区气候发生很大变化,果园小气候也相应受到影响,猕猴桃高低温灾害等频繁发生,严重影响猕猴桃产量和品质,对农民增产增收造成极大影响。因此,研究分析猕猴桃果园小气候特征,建立猕猴桃果园内高低温灾害的预测模型,对科学调控猕猴桃果园小气候及防御高低温灾害具有重要意义。

国内众多学者围绕不同类型下垫面的小气候特征及预测进行了研究。在森林小气候方面,刘效东等(2014)、陈进等(2019)和薛雪等(2016)研究了不同树种构成的森林光温湿风等要素特征演变、对气候变化的响应以及对不同环境的影响机制;王冀川等(2015)、乔旭等(2012)对杂交棉冠层、核桃—小麦间作系统小气候效应及对产量的影响进行了研究;前人对苹果园系统、枣园、梨园、苹果间作系统、果园生草覆盖栽培等小气候、果园生态及果实品质的影响进行了分析;于明英等(2017)、张晓月等(2018)和肖芳等(2018)研究了不同类型日光温室的小气候特征及各要素预报模型。关于猕猴桃果园小气候特征的相关研究较少,大部分研究集中在猕猴桃气候适宜性区划及种植气候条件分析、猕猴桃树光合特性、高温干旱等气象灾害对猕猴桃生长影响等方面,仅文雯等(2011)、李艳莉等(2021)对关中平原中部猕猴桃园土壤含水量、夏季小气候特征、高温热害指标等进行了研究,本书首次对陕西关中地区猕猴桃果园小气候特征进行研究,分不同生长阶段、不同时间尺度、不同空间位置分析空气温度变化特征;对猕猴桃果园小气候因子与气象站对应因子的关系进行精细化研究分析,建立猕猴桃果园高低温灾害预测模型。

11.1 材料和方法

11.1.1 试验区概况

试验区位于陕西省周至县,该区地处黄土高原丘陵沟壑区,地势西南高、东北低,地形主要为平原、浅山和黄土原区,海拔 $400\sim500$ m,属暖温带大陆性季风气候,四季分明,雨热同季,多年平均气温 14.0 ℃,无霜期 225 d,多年平均日照时数 1562 h,多年平均降水量 635.6 mm。大部分土壤类型为黄土、褐土、山地草甸土等。周至县猕猴桃种植面积 2.67 万 hm^2,是我国猕猴桃标准化管理示范县,荣获"中国猕猴桃之乡"的美称。试验在周至县境内的佰瑞猕猴桃研究院的九峰试验站进行,猕猴桃品种为美味系徐香,树龄 15 年,棚架结构为大棚架,株行距为 3 m×4 m,行向为南北方向。

11.1.2　方法

主要采用北京雨根科技有限公司的果林环境监测系统(RR-9100F-2),在周至猕猴桃果园内建立一个 4 m 高的观测架,分别在 4 m、3 m、2.4 m、1.8 m、1.2 m、0.5 m 处设置传感器观测树冠层顶、冠中以及树冠下部的空气温度、空气湿度等,同时在地下 10 cm、30 cm、50 cm 深度测定土壤温度、土壤湿度。全天 24 h 观测,自动数据采集器对以上观测项目每 10 min 记录 1 次。观测从 2020 年 5 月开始持续到 2021 年 8 月,该时段观测资料主要用于猕猴桃果园小气候特征研究以及猕猴桃高低温灾害预测模型检验。另有一套小气候自动观测系统,于 2015—2017 年安装于该猕猴桃果园内,观测要素包括空气温湿度、风速、风向,安装高度为 1.8 m,太阳总辐射,安装高度为 4 m,全天 24 h 观测,每 10 min 记录 1 次数据,该观测资料主要用于猕猴桃果园高低温灾害预测模型的建立。

猕猴桃不同发育期树冠树体差异较大,果园内郁闭程度不同,导致小气候特征也存在差异。笔者在本研究中按照猕猴桃果园冠层生长情况,分 3 个阶段对猕猴桃果园小气候特征进行分析,包括生长始期(4—5 月)、生长盛期(6—10 月)、休眠期(11 月—翌年 2 月)。冠层垂直高度中,1.8 m 为猕猴桃冠层高度,4 m、3 m、2.4 m 三种高度均值代表冠层上部,1.2 m、0.5 m 两种高度均值代表冠层下部。天气类型的划分按日照百分率(S)标准划分为晴天(S≥60%)、多云(20%<S<60%)、阴(雨雪)天(S≤20%)。根据猕猴桃高温热害、低温冻害相关研究成果,认为日最高气温高于 35 ℃为猕猴桃高温热害指标,日最低气温低于−8 ℃为猕猴桃低温冻害指标。

11.1.3　数据处理

采用 SPSS21.0 和 Excel 进行数据统计分析。

11.2　结果与分析

11.2.1　猕猴桃果园温度日变化

11.2.1.1　不同阶段不同垂直高度果园温度日变化

猕猴桃果实膨大期、休眠期两个阶段不同垂直高度果园空气温度受太阳辐射影响,日变化呈单峰曲线,表现为先升后降再升的趋势。日出后气温随太阳辐射的增强而升高,气温最高值出现在午后,其中果实膨大期日最高气温出现时间冠层上下部为 16:00(北京时,下同),冠层为 15:00;最低值均出现在 5:00。果实膨大期因树体生长茂盛叶片密集、覆盖度大,受获得的辐射量多少、湍流交换及蒸腾作用影响,空气温度垂直分布发生变化,日最高气温从树冠下部到上部递增;日最低气温冠层上部最高,冠下次之,冠层最低;气温日较差冠层最大,冠层上部次之,冠下最小。休眠期不同高度处气温最高值出现在 15:00,最低值出现在 7:00;日最高气温冠下最高,其次为冠层上部,冠层最低;日最低气温冠层上部最高,冠下次之,冠层最低;气温日较差冠下最大,其次为冠层,冠层上部最小(图 11.1)。

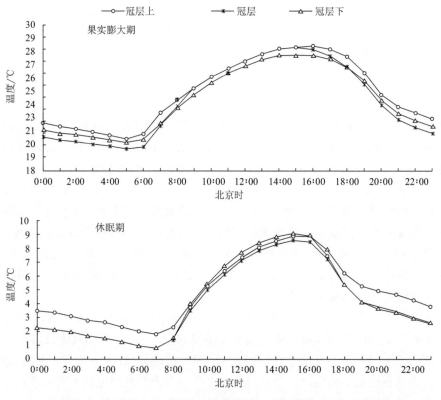

图 11.1　不同阶段不同高度猕猴桃果园空气温度日变化曲线

果实膨大期冠层与冠层上下部气温差值日变化呈单峰曲线。冠层气温总是低于冠层上部；日出前 0:00—7:00 和日落后 18:00—23:00 冠层气温低于冠下，日出后 8:00—17:00 则高于冠下；一天中，冠层与冠层上部气温差值最大为 1.2 ℃，最小为 0.1 ℃；与冠下气温差值最大为 0.6 ℃，最小为 0.1 ℃。猕猴桃休眠期冠层与冠层上部、冠下气温差值日变化均呈单峰曲线。冠层与冠层上部气温差值最大为 1.2 ℃，最小值为 0.2 ℃；与冠下气温差值最大为 0.6 ℃，最小为 0.1 ℃。无论是果实膨大期还是休眠期，整体上冠层与冠层上部的温差大于冠层与冠下的温差(图 11.2)。

11.2.1.2　不同阶段不同天气类型果园温度日变化

对猕猴桃不同生长阶段不同天气类型的果园内冠层空气温度进行分析，结果显示，猕猴桃果实膨大期冠层最高气温、休眠期最低气温不同天气类型的日变化呈单峰形曲线。两者变化趋势总体较为一致，都是先降后升，晴天、多云、阴(雨)天果实膨大期最高气温、休眠期最低气温分别均在 5:00、7:00 左右降到最低，随后逐渐上升，在 15:00 左右升至最高值，然后再逐渐降低，以此循环往复。果实膨大期日最高气温晴天最大，多云次之，阴(雨)天最小；日最低值多云最大，阴(雨)天次之，晴天最小；气温日较差晴天最大(14.5 ℃)，多云次之(12.9 ℃)，阴(雨)天最小(7.9 ℃)；一天中 8:00—21:00，晴天气温总是最高，其次为多云，阴(雨)天则最低。休眠期气温日最高值晴天最大，多云次之，阴(雨)天最小；日最低值阴(雨)天最大，多云次之，晴天最小；气温日较差晴天最大(12.2 ℃)，多云次之(9.3 ℃)，阴(雨)天最小(4.8 ℃)；一天中 0:00—9:00、18:00—23:00 温度阴(雨)天最高，其次为多云，晴天最低，11:00—16:00 温度晴天最高，其次为多云，阴(雨)天最低(图 11.3)。

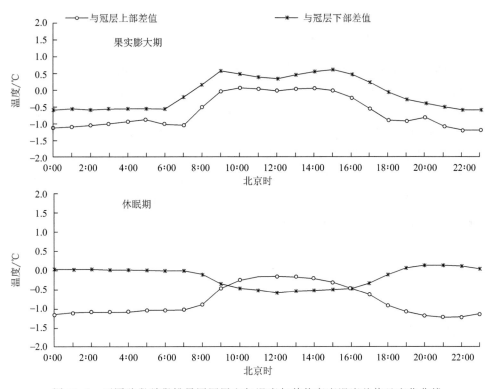

图 11.2　不同阶段猕猴桃果园冠层空气温度与其他高度温度差值日变化曲线

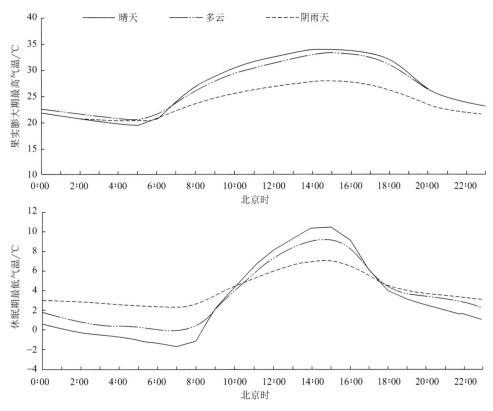

图 11.3　不同阶段不同天气条件下猕猴桃果园空气温度日变化

11.2.2 猕猴桃果园温度动态变化

果实膨大期(6—8月)果园内猕猴桃树冠层日最高气温大部分时段高于气象站日最高温度,果园内猕猴桃树冠层日最高温度24.1～39.9 ℃,气象站日最高温度25.1～38.5 ℃,冠层与气象站日最高气温差值范围为－3.4～3.0 ℃;冠层日最高气温达到高温热害指标的时段主要集中在7月上旬—8月中旬(图11.4)。休眠期(11月—翌年2月)果园内猕猴桃树冠层日最低气温大部分时段高于气象站日最低气温,果园内猕猴桃树冠层日最低气温－9.0～9.0 ℃,气象站日最低气温－9.1～9.4 ℃,冠层与气象站最低气温差值－5.9～3.6 ℃;冠层日最低气温达到低温冻害指标的时段主要集中在1月下旬(图11.5)。冠层与气象站日最高气温、冠层与气象站日最低气温动态变化均较为一致。

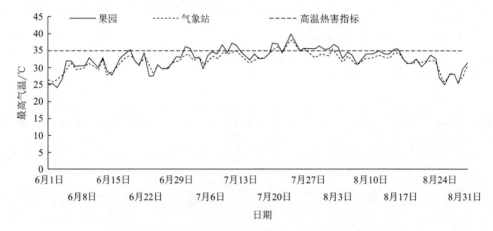

图 11.4 果实膨大期果园内与气象站日最高气温动态变化

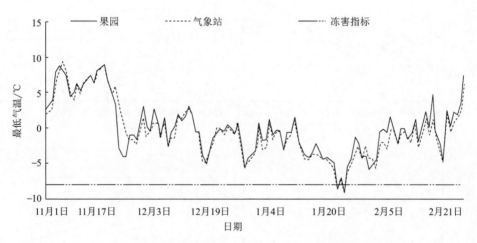

图 11.5 休眠期果园内与气象站日最低气温动态变化

从猕猴桃园冠层、气象站月最高气温、月最低气温对比来看,猕猴桃果实膨大期6月、7月、8月冠层极端最高气温均达到猕猴桃高温热害指标,说明高温热害在6月、7月、8月都有可能发生;并且冠层极端最高、平均最高气温均高于气象站。3个月中,7月极端最高气温、平均最高气温均最高,其次为8月,6月最低(表11.1)。猕猴桃休眠期,1月冠层、气象站极端最低气温达到猕猴桃低温冻害指标,且 1 月极端最低、平均最低气温均低于 11 月、12 月、2 月,说明低温冻害主要发生在 1 月(表 11.2)。

表 11.1　猕猴桃冠层与气象站月最高气温

气温类型	站点	温度/℃		
		6 月	7 月	8 月
平均最高	冠层	30.4	35.0	32.2
	气象站	30.2	34.0	31.6
极端最高	冠层	35.2	39.9	37.0
	气象站	33.7	38.5	35.8

表 11.2　猕猴桃冠层与气象站月最低气温

气温类型	站点	温度/℃			
		11 月	12 月	1 月	2 月
平均最低	冠层	4.0	−0.8	−3.0	−0.1
	气象站	4.2	−1.1	−3.4	−1.0
极端最低	冠层	−4.1	−5.6	−9.0	−5.9
	气象站	−2.1	−5.7	−9.1	−5.8

11.2.3　基于气象站温度的果园高低温预测模型

春季低温冻害、越冬期低温冻害、夏季高温热害是猕猴桃气象灾害防御的重点,猕猴桃树采用棚架结构种植,冠层一般分布在同一高度,因此冠层高度处温度条件可以作为猕猴桃高低温灾害判定的指标,预测冠层高度处的气温十分必要。以 2015—2017 年猕猴桃小气候站观测数据为建模系列,分 3 种天气类型(晴天、多云、阴天),分别建立猕猴桃果园冠层果实膨大期高温、休眠期低温的线性预测方程,以及不分天气类型不分时段的高低温线性预测方程(表 11.3),休眠期用气象站最低气温与果园日最低气温建立预测模型,果实膨大期用气象站最高气温与果园日最高气温建立预测模型。休眠期低温预测回归方程的决定系数(R^2)均在 0.920 以上,预测效果较好,其中阴天决定系数最高(0.965),预测效果最好;果实膨大期高温预测回归方程决定系数在 0.710 以上,预测效果较差。不分天气类型不分时段高低温预测模型方程决定系数(R^2)在 0.940 以上,预测效果好于其他类型。

表 11.3　基于气象站温度的猕猴桃园

模型类型	天气类型	预测模型	n	R^2
休眠期低温	晴天	$Y=1.061X+1.006$	86	0.942
	多云	$Y=1.005X+0.392$	32	0.929
	阴天	$Y=0.962X+0.253$	102	0.965
果实膨大期高温	晴天	$Y=1.026X-0.107$	125	0.714
	多云	$Y=1.040X-0.331$	69	0.765
	阴天	$Y=1.059X-1.639$	81	0.837
低温	不分阶段和	$Y=0.902X+0.315$	833	0.944
高温	天气类型	$Y=1.030X-0.491$	833	0.971

为了进一步验证各模型在推算猕猴桃果园不同时段不同灾害条件下温度的可靠性,利用
2020年5月—2021年8月观测数据对方程进行验证,计算误差统计参数(表11.4)。结果显
示,各模型的误差算数平均值接近1。休眠期多云条件下低温模型绝对误差75%在1℃以内,
阴天条件下低温模型绝对误差61%在1℃以内;果实膨大期晴天条件下高温模型绝对误差
59%在1℃以内,预测效果较好。休眠期晴天、果实膨大期多云2种模型误差绝对值分别为
45%、49%在1℃以内,79%、78%在2℃以内,预测效果较差。不分天气类型和时段高低温模
型误差绝对值62%在1℃以内。

表 11.4　冠层温度预测误差检验

气象灾害类型	天气类型	平均绝对误差	误差≤1℃的样本百分率/%
休眠期低温	晴天	1.5	45
	多云	0.6	75
	阴天	1.0	61
果实膨大期高温	晴天	1.0	59
	多云	1.2	49
	阴天	1.6	59
低温	不分阶段和天气类型	1.0	62
高温	不分阶段和天气类型	1.1	66

11.3　结论与讨论

猕猴桃果园内温度垂直分布及日变化主要是受太阳辐射、局地平流或湍流、树体本身生长
发育情况、冠层郁闭度等因素影响。受猕猴桃蒸腾作用及冠层遮阴影响,冠层内温度与冠下、
冠层上部存在差异。温度的日变化与太阳辐射强度变化基本一致,与李艳莉等(2021)、屈振江
等(2015)、肖芳等(2018)、袁静等(2018)对猕猴桃、苹果、设施葡萄或樱桃等果园内气温日变化
研究结果一致。气温最高值出现在15:00左右,最低值出现在7:00左右,高低温出现时间与
苹果园、葡萄园等果园出现时间较为一致,通过高低温极值出现的时间,结合预报预警,确定猕
猴桃果园防御高低温灾害的最佳时机,有利于提高防灾减灾的实际效果。另外,果园小气候中
的辐射、温、湿、风、CO_2 等相互影响,今后需增加除温度以外的其他小气候因子的深入研究,
考虑建立各因子的分布模型及小气候因子与冠层相互关系模型等理论研究,从植物生理生化
角度揭示小气候因子对猕猴桃生长发育的作用机制。猕猴桃果园日最高、最低气温冠层上部
最高,冠下次之,冠层最低;冠层温度总是低于冠层上部,大部分时刻低于冠下,屈振江等
(2015)认为苹果园内最低气温从冠层下部到冠层顶部依次提高,杨亚丽等(2016)认为针阔混
交林冠层气温高于林内低层气温等存在差异,这主要与树木自身特征有关,猕猴桃属于藤本植
物,受栽培模式影响冠层分布在一个水平面上,而其他2种树木冠层表现为水平、垂直两种空
间分布,同时还与树木种植的立地条件相关。

在猕猴桃果园冠层气温预测模型建立中采用了一元回归统计方法,建立了初步的冠层温
度预测模型。目前,针对温室、果园、森林等各类小气候的预测,主要采用BP神经网络、线性
回归等方法。笔者在本研究中建立的预测模型仅选用气象站温度一种因子,过于单一且预测

精度也需提高,后期可从气象大数据方面考虑建立基于多气象要素的猕猴桃园高低温预测模型,在方法上也需采取更为先进的模型算法,做好模型订正,使模型更加准确、适用性更广泛。

　　猕猴桃果园不同高度、不同天气类型的温度日变化呈单峰曲线,一天中冠层温度总是低于冠层上部,大部时刻低于冠下;冠层温度逐日动态变化与气象站一致,且大部时段高于气象站。从日尺度来看,高温热害发生时刻集中在 15:00—16:00,低温冻害发生时刻集中在 7:00;从月尺度来看,高温热害多发时段为 7 月上旬—8 月中旬,低温冻害多发时段为 1 月。基于气象站气温建立的猕猴桃冠层休眠期低温预测模型、不分时段不分天气类型高低温预测模型都能较好地预测冠层高低温,猕猴桃果实膨大期冠层高温线性模型预测效果较差,需进一步进行模型订正。

第 12 章　猕猴桃气象灾害预报预警模型构建

12.1　猕猴桃果面最高温度预报模型

$$y = 0.2486x^{1.4905} \tag{12.1}$$
$$R^2 = 0.9732, n = 90$$

式中，x 为预报日最高气温；y 为预报日猕猴桃果面温度。

依据每日最高气温预报结果，经公式（12.1）计算果面温度（图 12.1），依据猕猴桃果实日灼指标，判断是否出现高温日灼灾害及高温日灼可能发生的等级（表 12.1）。

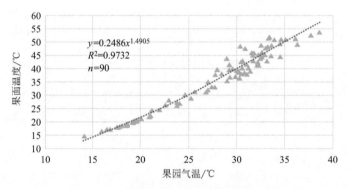

图 12.1　果面最高温度与 180 厘米气温关系

表 12.1　猕猴桃果实日灼灾害预报预警等级

果实温度（T_N）范围	图例颜色	日灼等级
$T_N \leqslant 47\ ℃$	绿色	无日灼
$47 \sim 49\ ℃$	黄色	轻度日灼
$49 \sim 51\ ℃$	红色	中度日灼
$T_N > 51\ ℃$	褐色	重度日灼

12.2　猕猴桃叶面最高温度与气温关系模型

$$y = 0.725x^{1.1382} \tag{12.2}$$
$$R^2 = 0.9643, n = 102$$

式中，x 为预报日最高气温；y 为预报日猕猴桃叶面温度。

依据每日最高气温预报结果,经公式(12.2)计算叶面温度(图 12.2),依据猕猴桃叶片高温热害指标,判断是否出现叶片高温热害及高温热害可能发生的等级(表 12.2)。

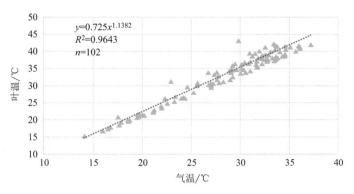

图 12.2　最高叶温与气温的关系

表 12.2　猕猴桃叶片高温热害预报预警等级

叶片温度(T_L)范围	图例颜色	高温热害等级
$T_L \leqslant 30$ ℃	绿色	适宜
30～39 ℃	黄色	轻度热害
39～45 ℃	红色	中度热害
$T_L > 45$ ℃	褐色	重度热害

12.3　猕猴桃结果母枝低温冻害预报模型

$$y = 1.2816x - 0.0698 \quad (12.3)$$
$$R^2 = 0.9486, n = 221$$

式中,x 为预报日最低气温;y 为预报日猕猴桃结果母枝最低温度。

依据每日最低气温预报结果,经公式(12.3)计算结果母枝最低温度(图 12.3),依据猕猴桃结果母枝低温冻害指标,判断是否出现结果母枝低温冻害及低温冻害可能发生的等级(表 12.3)。

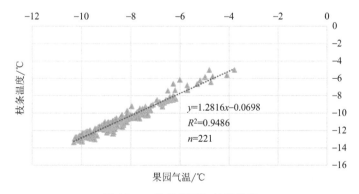

图 12.3　枝条温度与气温关系

表 12.3　狝猴桃结果母枝低温冻害预报预警等级

红阳			翠香		
温度(T_N)范围	图例颜色	冻害等级	温度(T_N)范围	图例颜色	冻害等级
$T_N \geq -8$ ℃	绿色	0 级	$T_N \geq -8$ ℃	绿色	0 级
-8 ℃$>T_N \geq -11$ ℃	浅绿	1 级	$-8>T_N \geq -10$ ℃	浅绿	1 级
-11 ℃$>T_N \geq -13$ ℃	黄色	2 级	$-10>T_N \geq -12$ ℃	黄色	2 级
-13 ℃$>T_N \geq -14$ ℃	深黄	3 级	$-12>T_N \geq -13$ ℃	深黄	3 级
-14 ℃$>T_N \geq -15$ ℃	红	4 级	$-13>T_N \geq -15$ ℃	红	4 级
$T_N < -15$ ℃	褐色	5 级	$T_N < -15$ ℃	褐色	5 级

金福			瑞玉		
温度(T_N)范围	图例颜色	冻害等级	温度(T_N)范围	图例颜色	冻害等级
$T_N \geq -8$ ℃	绿色	0 级	$T_N \geq -8$ ℃	绿色	0 级
-8 ℃$>T_N \geq -11$ ℃	浅绿	1 级	$-8>T_N \geq -10$ ℃	浅绿	1 级
-11 ℃$>T_N \geq -13$ ℃	黄色	2 级	$-10>T_N \geq -13$ ℃	黄色	2 级
-13 ℃$>T_N \geq -14$ ℃	深黄	3 级	$-13>T_N \geq -15$ ℃	深黄	3 级
-14 ℃$>T_N \geq -16$ ℃	红	4 级	$-15>T_N \geq -17$ ℃	红	4 级
$T_N < -16$ ℃	褐色	5 级	$T_N < -17$ ℃	褐色	5 级

徐香			海沃德		
温度(T_N)范围	图例颜色	冻害等级	温度(T_N)范围	图例颜色	冻害等级
$T_N \geq -8$ ℃	绿色	0 级	$T_N \geq -8$ ℃	绿色	0 级
-8 ℃$>T_N \geq -11$ ℃	浅绿	1 级	$-8>T_N \geq -11$ ℃	浅绿	1 级
-11 ℃$>T_N \geq -13$ ℃	黄色	2 级	$-11>T_N \geq -14$ ℃	黄色	2 级
-13 ℃$>T_N \geq -15$ ℃	深黄	3 级	$-14>T_N \geq -16$ ℃	深黄	3 级
-15 ℃$>T_N \geq -17$ ℃	红	4 级	$-16>T_N \geq -20$ ℃	红	4 级
$T_N < -17$ ℃	褐色	5 级	$T_N < -20$ ℃	褐色	5 级

12.4　狝猴桃根颈部低温冻害预报模型

受冷空气下沉作用影响,狝猴桃树干靠近地面的根颈部为气温最低,是主干受冻的敏感部位,建立根颈部温度模型,可识别和预警狝猴桃主干冻害灾害。

$$y = -0.02x^2 + 0.7594x - 1.523 \tag{12.4}$$
$$R^2 = 0.9078, n = 771$$

式中,x 为预报日最低气温;y 为预报日狝猴桃根颈部最低温度。

依据每日最低气温预报结果,经公式(12.4)计算根颈部最低温度(图 12.4),依据狝猴桃根颈部低温冻害指标,判断是否出现根颈部低温冻害及低温冻害可能发生的等级(表 12.4)。

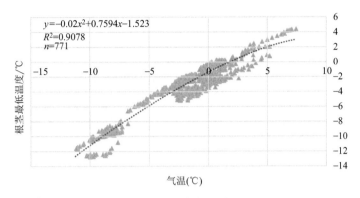

图 12.4　根颈部最低温度与气温关系(5:00－8:00)

表 12.4　猕猴桃根颈部低温冻害预警预报等级

根颈部温度(T_{Ns})范围	图例颜色	冻害等级
$T_{Ns} \geqslant -8\ ℃$	绿色	0 级
$-8\ ℃ > T_{Ns} \geqslant -11\ ℃$	浅绿	1 级
$-11\ ℃ > T_{Ns} \geqslant -13\ ℃$	黄色	2 级
$-13\ ℃ > T_{Ns} \geqslant -14\ ℃$	深黄	3 级
$-14\ ℃ > T_{Ns} \geqslant -15\ ℃$	红	4 级
$T_{Ns} < -15\ ℃$	褐色	5 级

12.5　猕猴桃春霜冻预报预警模型

依据每日最低气温预报结果,经公式(12.3)计算猕猴桃架面最低温度,依据猕猴桃架面低温($T_{a_{\min}}$)冻害指标,判断是否出现霜冻害及霜冻害可能发生的等级(表 12.5)。

表 12.5　猕猴桃霜冻害预报预警等级

温度范围	图例颜色	霜冻等级
$T_{a_{\min}} > 0\ ℃$	绿色	无霜冻
$0\ ℃ \geqslant T_{a_{\min}} > -1\ ℃$	黄色	轻霜冻
$-1\ ℃ \geqslant T_{a_{\min}} > -2\ ℃$	红色	中霜冻
$T_{a_{\min}} \leqslant -2\ ℃$	褐色	重霜冻

第13章 秦岭北麓猕猴桃果实品质形成与气象条件的关系

猕猴桃品质优劣决定其市场竞争力。影响猕猴桃品质的主要因素有品种特性、栽培管理措施和生长环境气象条件适宜程度等,其中气象条件适宜程度是引起猕猴桃品质年际间波动的主要因素。王依等(2018)就不同品种间猕猴桃果实品质差异性做了大量研究,王明召等(2018)从不同园艺措施角度研究了改善猕猴桃果实品质的方法,刘璐等(2017)通过筛选影响猕猴桃品质的关键气候因子,在猕猴桃气候品质认证方面进行了相关研究。在气候变暖背景下针对关键气象因子和关键生育时期与猕猴桃果实品质参数间的定量关系研究尚显不足,本章通过对秦岭北麓徐香猕猴桃果实品质监测数据和产区区域气象站气象要素观测数据进行相关性分析,筛选出影响猕猴桃品质的关键气象因子和关键生育时段,建立猕猴桃果实可溶性固形物含量、固酸比、维生素 C 含量、干物质含量等品质参数的气象拟合模型,为趋利避害调控猕猴桃生长环境小气候,进而提高果实品质提供理论依据。

13.1 数据来源与处理

果实品质是猕猴桃生产最重要的经济指标,一般由单果质量、果形指数、果实硬度及果实干物质含量、可溶性固形物含量、可溶性糖含量、维生素 C 含量等多个指标衡量,本章以秦岭北麓主栽品种徐香为分析对象,选择可充分代表其品质的可溶性固形物含量、固酸比、维生素 C 含量、干物质含量 4 项指标参数,综合分析评价不同生长期气象因素与猕猴桃果实内在品质的相关性。

猕猴桃属后熟型水果,在后熟过程中营养指标不断发生变化。为使猕猴桃品质分析具有可比性,采用果实硬度在 5 kg/cm² 时的样本品质测定数据,进行品质指标与气象因素的相关分析研究。

根据猕猴桃生长发育特点,选择可能会影响到猕猴桃果实品质的关键生育期气象因子进行统计。所选关键生育期包括:

(1)猕猴桃萌芽展叶期

3 月上旬至 4 月中旬,是秦岭北麓猕猴桃萌芽、抽枝展叶、花器形态分化期,该时段气象条件主要影响猕猴桃的萌芽率、成枝率和花器形态分化质量,进而影响猕猴桃产量品质的形成。

(2)开花期

4 月下旬至 5 月上旬是秦岭北麓猕猴桃的开花授粉期,开花早晚和花粉传授质量与环境气象要素的适宜与否密切相关。

(3)果实迅速膨大期

5 月中旬至 6 月中旬是猕猴桃果实迅速膨大期,这个时期的生长特征是果实体积和果实鲜重都迅速增加,果实生长量可达总生长量的 $70\%\sim80\%$,内含物主要是碳水化合物和有机酸,其增加程度同果实迅速生长速度相一致。

(4)果实缓慢膨大期。迅速膨大后 $40\sim50$ d 左右(6 月下旬至 7 月下旬),果实增大速率显著减缓,果皮颜色由淡黄转变为浅褐色,种子加速生长发育,由白色变为褐色,果实淀粉及柠檬酸含量迅速积累,糖的含量处于较低水平。

(5)果实着色成熟期

从 8 月上旬到 10 月上旬,果皮转为褐色,种子赤褐色。到果实采收之前几周,果实体积增大变缓慢,以内部充实为主,内含物的变化主要是果汁增多,糖分增加,风味增浓,出现猕猴桃品种固有的品质特性,为果实营养物质积累转化期。

除了对以上 5 个关键生育期的气象要素进行统计分析外,同时统计了花芽形态分化和果实生长季(3 月上旬至 10 月上旬)旬、月等不同时段的气象要素,包括平均气温、温度日较差、最低气温、降雨量、降雨日数、高温日数等。

选取周至和眉县两个猕猴桃集中种植区的 10 个果园作为研究对象。其中,品质调查数据来源于陕西省果业管理局,在猕猴桃成熟季节果实硬度达到 5 kg/cm² 时,分别利用糖量计、NaOH 中和滴定法、微量滴定法、硬度计法、烘干法测定猕猴桃的可溶性固形物含量、可滴定酸含量、维生素 C 含量、干物质含量,气象要素资料选用距猕猴桃品质采样测点地理位置最近的区域气象站观测数据,来源于国家气候中心。

13.2　结果与分析

13.2.1　气象因素对猕猴桃可溶性固形物含量的影响

计算不同时段不同气象因子与可溶性固形物的相关系数,筛选出 $p\leqslant0.05$ 的 10 个因子分别为:3 月上旬至 5 月中旬平均温度(T_{3e-5m})、6 月日平均最低温度($T_{6\ min}$)、7 月温度日较差(D_{T_7})、3 月雨日(D_{R_3})、3 月雨量(R_3)、4 月中旬至 5 月下旬雨日($D_{R_{4m-5l}}$)、4 月中旬至 5 月下旬雨量(R_{4m-5l})、6 月雨量(R_6)、7 月雨日(D_{R_7})、9 月上旬—10 上旬雨量(R_{9e-10e}),列于表 13.1。

表 13.1　气象因素与猕猴桃果实可溶性固形物含量的相关系数

气象因子		Pearson 相关系数	p 值
温度因子	T_{3e-5m}	-0.658	0.004
	$T_{6\ min}$	-0.527	0.030
	D_{T_7}	0.522	0.032
降水因子	D_{R_3}	0.785	0.000
	R_3	0.495	0.044
	$D_{R_{4m-5l}}$	-0.835	0.000
	R_{4m-5l}	-0.614	0.009
	R_6	0.523	0.031
	D_{R_7}	-0.493	0.044
	R_{9e-10e}	0.622	0.008

13.2.1.1 温度对猕猴桃可溶性固形物含量的影响

果实可溶性固形物含量与 3 个温度因子的相关性比较明显,其中与 3 月上旬至 5 月中旬平均气温和 6 月最低成负相关,与 7 月气温日较差成正相关。

图 13.1 显示,猕猴桃萌芽、展叶、开花授粉到幼果期(3 月上旬至 5 月中旬)的平均气温偏低时,果实可容性固形物含量较高。

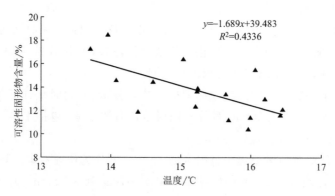

图 13.1 猕猴桃萌芽至幼果期平均气温与可溶性固形物含量关系

猕猴桃花芽形态分化期自芽萌动前 10 d 开始到开始展叶结束,仅 20 多天,花芽形态分化时期短、速度快是猕猴桃有别于其他果树的一个显著特点。该时段相对低温有利于猕猴桃花器形态的充分形成分化。

猕猴桃发芽后气温的剧烈波动和枝叶营养生长竞争会增加花的败育几率,较低的气温条件有抑制该时段枝叶营养生长、提高猕猴桃成花质量,最终有利于开花授粉的充分进行,是猕猴桃果实可溶性固形物含量提高的有利因素。

果实迅速膨大前期(6 月份)平均最低气温与可溶性固形物含量成负相关,该时段气温偏低,有利于提高果实可溶性固形物含量;果实快速膨大后期(7 月份)的气温日较差与可溶性固形物含量有正相关关系,表明在正常气候条件下,白天气温高、夜晚气温低有利于可溶性固形物含量的提高。

13.2.1.2 降雨对猕猴桃可溶性固形物含量的影响

相关分析表明,3 月份的降雨日数、6 月份和 9 月上旬至 10 月上旬的降雨量与可溶性固形物含量成显著正相关。3 月份正值猕猴桃萌芽展叶期,该时段降雨日数与可溶性固形物含量呈二次曲线关系(图 13.2),随降雨日数增加,可溶性固形物含量增大。图 13.2 显示,3 月份降雨日数大于 4 d 以上的测点,可溶性固形物含量均在 14% 以上,占≥14% 总测点数的 83%。相对于 3 月份降雨量,降雨日数对可溶性固形物含量的影响更为显著。萌芽展叶期降雨日数对可溶性固形物含量的影响效应与同时段气温影响效应相一致,降雨日数增多,可使猕猴桃花形态分化期的温度维持在一个相对偏低的水平,具有平抑春季温度剧烈波动的效果,有益于猕猴桃可溶性固形物含量的提高;6 月份果实进入快速膨大期,此时雨量增加可确保果实膨大正常进行;9 月上旬至 10 月上旬果实着色期,该时段处于猕猴桃果实中淀粉向可溶性固形物等的营养转化期,在雨量增加的年份或测点,可溶性固形物含量有增加趋势。图 13.3 显示,该时段降雨量小于 110 mm 的测点中,固形物含量<14% 的测点占 83%,表明此时段秦岭北麓猕猴桃产区自然降雨条件不利于果实可溶性固形物含量的提高。

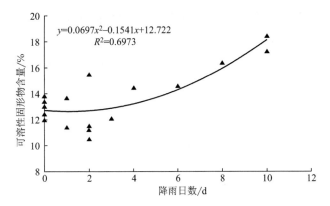

图 13.2　萌芽展叶期(3 月)降雨日数与可溶性固形物含量的关系

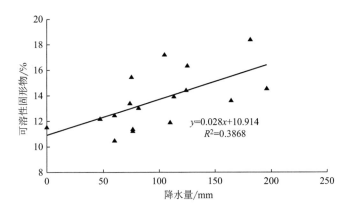

图 13.3　着色成熟期降雨量与可溶性固形物含量的关系

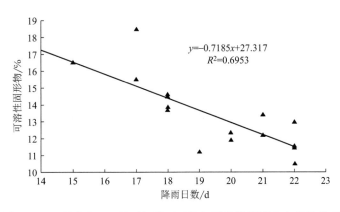

图 13.4　4 月中旬—5 月下旬降雨日数与可溶性固形物含量的关系

　　4 月中旬至 5 月下旬和 7 月份的降雨日数与可溶性固形物含量呈负相关关系。4 月中旬至 5 月下旬是猕猴桃开花授粉及幼果生长期,该时段降雨日的效应与萌芽展叶期正好相反,降雨日数增多,可导致果实固形物含量的降低。图 13.4 显示,该时段降雨日数超过 23 d 的测点,可溶性固形物含量均低于 14%,在所有低于 14% 的 12 个测点中,处于该指标区域的测点数占 8 个,占比 67%。猕猴桃开花期需要晴好天气以便授粉过程充分进行,雨日过多不利于花粉的充分传播和传媒昆虫的活动,降低果实结籽率进而影响到果实品质;7 月份是果实迅速膨大期,需要充足的光合产物为果实提供营养,该时段多降雨天气不利于光合作用的充分进行,对猕猴桃可溶性固形物含量的提升不利。

对表 13.1 中 10 个气象因子与可溶性固形物含量数据进行逐步回归分析,建立如下拟合方程:

$$Y = 22.07 + 0.246D_{R_3} - 0.481D_{R_{4m-5l}} \tag{13.1}$$

式中,D_{R_3} 为 3 月份降雨日数;$D_{R_{4m-5l}}$ 为 4 月中旬至 5 月下旬降雨日数。其统计特征量 $R^2 = 0.761$,$F = 22.23 > F_{0.05}$,$n = 17$。

13.2.2　气象因素对猕猴桃果实固酸比的影响

固酸比是果汁的可溶性固形物含量与果汁总酸量之比,是决定猕猴桃果实感官品质的关键指标,猕猴桃果实的酸甜风味受果实中可溶性固形物和有机酸含量多少的共同影响,固酸比越大,口感越甜。

计算不同时段气象因子与猕猴桃果实固酸比的相关性,筛选出 $p \leqslant 0.05$ 的 8 个因子分别为:3 月上旬—4 月中旬平均气温(T_{3e-4m}),5 月中旬—7 月上旬平均最低气温($T_{min(5m-7e)}$),3 月上旬—4 月上旬雨日($D_{R_{3e-4e}}$),3 月上旬—4 月上旬雨量(R_{3e-4e}),4 月中旬—5 月下旬雨日($D_{R_{4m-5l}}$),4 月中旬—5 月下旬雨量(R_{4m-5l}),6 月上旬—7 月上旬雨量(R_{6e-7e}),9 月雨量(R_9),列于表 13.2。

表 13.2　气象因素与猕猴桃果实固酸比的相关系数

气象因子		Pearson 相关系数	p 值
温度因子	T_{3e-4m}	−0.607	0.010
	$T_{min(5m-7e)}$	−0.530	0.029
降水因子	$D_{R_{3e-4e}}$	0.604	0.010
	R_{3e-4e}	0.453	0.068
	$D_{R_{4m-5l}}$	−0.833	0.000
	R_{4m-5l}	−0.526	0.030
	R_{6e-7e}	0.696	0.002
	R_9	0.487	0.047

13.2.2.1　温度对猕猴桃果实固酸比的影响

分析不同时段温度因素与猕猴桃固酸比的关系,发现固酸比与 3 月上旬至 4 月中旬平均气温和 5 月中旬至 7 月上旬最低气温存在较显著的负相关。

3 月上旬至 4 月中旬为秦岭北麓猕猴桃萌芽展叶期,5 月中旬至 7 月上旬是猕猴桃幼果膨大期,图 13.5 表明,该时段气温偏低,对增加猕猴桃果实固酸比有利。

13.2.2.2　降雨对猕猴桃果实固酸比的影响

相关分析表明,3 月至 4 月上旬雨日、6 月至 7 月上旬雨量、9 月雨量与猕猴桃果实固酸比成显著正相关,4 月中旬至 5 月下旬降雨日数与猕猴桃果实固酸比成显著负相关。

3 月上旬到 4 月上旬是猕猴桃萌芽展叶期,该时段降雨日数与果实固酸比呈二次曲线关系,此时段降雨日数偏多的年份,猕猴桃果实的固酸比有增加趋势(图 13.6)。相对于降雨量,猕猴桃萌芽展叶期的降雨日数对果实固酸比的影响更为显著;6 月上旬至 7 月上旬猕猴桃果

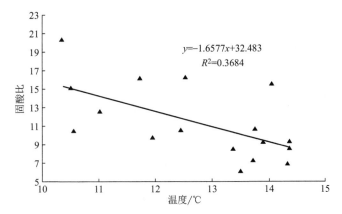

图 13.5　猕猴桃萌芽展叶期平均温度对果实固酸比的影响

实处于快速膨大期,此时段降雨量与猕猴桃果实固酸比呈二次曲线型关系,该时段降雨量高于110 mm 的测站或年份,固酸比测值均高于 13(图 13.7),该时段雨量增多,有利于固酸比的提高;9 月份是猕猴桃果实着色期,该时段雨量增加有利于固酸比的提升。

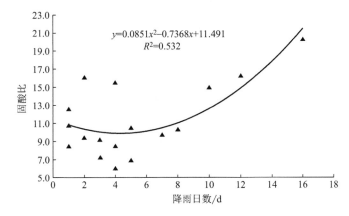

图 13.6　萌芽展叶期降雨日数与固酸比关系

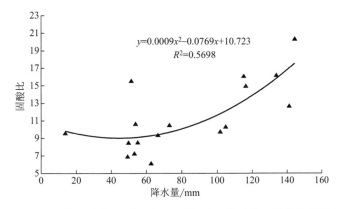

图 13.7　果实膨大期(6 月上旬—7 月上旬)降雨量对固酸比的影响

图 13.8 显示,4 月下旬到 5 月下旬猕猴桃开花授粉和幼果形成期降雨日数偏多的年份或测点,猕猴桃果实固酸比有显著下降的趋势。表明该时段降雨日数增多,可能通过影响猕猴桃

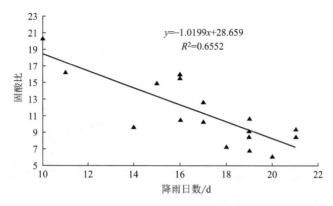

图 13.8　开花幼果期降雨日数对固酸比的影响

开花授粉质量,进而影响猕猴桃果实固酸比的高低。

利用逐步回归方法进行因子筛选,建立固酸比与气象因子的综合拟合方程:

$$Y = 29.23 - 1.033 D_{R_{4m-5l}} + 0.0219 R_{6e-7e} \tag{13.2}$$

式中,$D_{R_{4m-5l}}$ 为 4 月中旬至 5 月下旬开花授粉至幼果期降雨日数;R_{6e-7e} 为 6 月上旬至 7 月上旬果实迅速膨大期降雨量,其拟合方程特征量 $R^2 = 0.7171$,$F = 17.7 > F_{0.05}$,$n = 17$。

13.2.3　气象因素对猕猴桃果实干物质含量的影响

13.2.3.1　温度对干物质含量的影响

相关分析结果显示,猕猴桃越冬至果实着色期(1—8 月)平均气温、生长期日最高气温 $T_{max} \geqslant 34$ ℃的日数、7 月上旬至 8 月下旬日最低气温平均值 T_{min} 与猕猴桃果实干物质含量均呈二次曲线关系(表 13.3)。

表 13.3　温度因子与猕猴桃果实干物质含量的关系

温度因子	拟合方程	R^2	干物质最大时因子取值/℃
T_{1-8}	$Y = -5.183x^2 + 169.81x - 1374.2$	0.7416	16.4
$D_{T_{max} \geqslant 34}$	$Y = -0.0105x^2 + 0.8085x + 1.0213$	0.7510	38.5
$T_{min(7-8)}$	$Y = -1.821x^2 + 79.257x - 845.56$	0.7358	21.8

表 13.3 表明,猕猴桃越冬至果实着色期之前(1-8 月)的平均气温 $T_{(1-8)}$ 对猕猴桃果实干物质含量的影响比较显著,两者呈二次曲线关系。$T_{(1-8)}$ 在 16.4 ℃时猕猴桃果实干物质含量达最大值;在 15.0～16.4 ℃,随气温升高,猕猴桃干物质含量趋于增大;高于 16.4 ℃,干物质含量随平均温度的增加趋于减小。

猕猴桃生长期日最高气温 $T_{max} \geqslant 34$ ℃的日数与猕猴桃干物质含量呈二次曲线关系。当 $T_{max} \geqslant 34$ ℃的日数在 39 d 时,猕猴桃果实干物质含量达到最大,在 19～39 d,随高温日数的增加,干物质含量有增加趋势,超过 39 d 时,干物质含量趋于降低。

果实快速膨大后期至果实着色期之前(7 月上旬至 8 月下旬)的日最低温度平均值 $T_{min(7-8)}$ 与干物质含量呈二次相关。该时段日最低气温 $T_{min(7-8)}$ 在 21.8 ℃左右,干物质含量达最大值;$T_{min(7-8)}$ 在 20.0～21.8 ℃,随最低气温升高,干物质含量趋于增大;超过 21.8 ℃,随最低气温增高,干物质含量趋于降低。

猕猴桃原生境多为山地林下半阴生环境,是一种抗逆性较弱的树种,集约栽培在阳光直射的平原地区农田环境下,特别是在气候变暖背景下,生长期高温天气是影响产量和品质的主要因素。生长期≥34 ℃高温日数超过 39 d、7—8 月最低气温平均值超过 21.8 ℃、1—8 月平均温度超过 16.4 ℃的气候环境均不利于猕猴桃果实干物质含量的增加。

13.2.3.2　降雨对猕猴桃果实干物质含量的影响

相关分析表明,猕猴桃萌芽到展叶期的 3 月上旬至 4 月上旬降雨量与猕猴桃果实干物质含量关系密切。该时段内,随降雨量的增加,猕猴桃干物质含量趋于减少(图 13.9)。

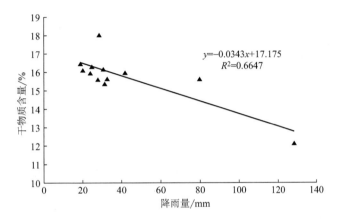

图 13.9　萌芽展叶期(3 月上旬至 4 月上旬)降雨与干物质关系

建立猕猴桃果实干物质含量与气象因子综合拟合方程:

$$Y = -584.25 + 55.639 T_{min(7-8)} - 1.286 T_{min(7-8)}^2 - 0.0253 R_{3e-4e} \tag{13.3}$$

式中,$T_{min(7-8)}$ 为 7 月上旬至 8 月下旬日最低气温平均值;R_{3e-4e} 为 3 月上旬至 4 月上旬降水量。$R^2 = 0.83$,$F = 12.9 > F_{0.05}$,$n = 12$。

13.2.4　气象因素对猕猴桃果实维生素 C 含量的影响

相关分析表明,不同时段温度与维生素 C 的相关程度较低。降雨各因子与猕猴桃果实维生素 C 含量存在一定的相关性(表 13.4)。总体上,4 月、6 月、8—9 月降雨量与维生素 C 含量存在较好的正相关,相关系数 0.51～0.76,以 6 月份降雨量相关系数最大,表明果实迅速膨大期的 6 月,随降雨量的增加,维生素 C 含量成线性增加趋势,在 6 月降水量小于 65 mm 的测点,81%的维生素 C 测值低于 80 mg/100 g。

表 13.4　气象因素与猕猴桃维生素 C 含量的相关系数

气象因子	Pearson 相关系数	p 值
R_4	0.648	0.001
R_6	0.756	0.000
R_{8-9}	0.507	0.013
R_5	−0.684	0.000
D_{R_7}	−0.547	0.007

开花到幼果期的 5 月,降雨量与果实维生素 C 含量存在显著负相关关系,随雨量增加,维

生素 C 含量成指数减小趋势(图 13.10),该时段降水量大于 100 mm 的测点,89% 的维生素 C 测值低于 80 mg/100 g;7 月份降雨日数与维生素 C 含量成负相关,此时猕猴桃果实处于快速膨大后期,此时降雨日数增多,将导致果实维生素 C 含量下降。

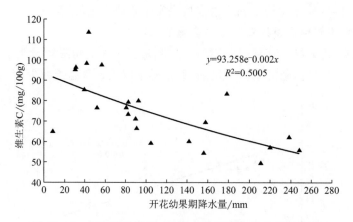

$$y = 93.258e^{-0.002x}$$
$$R^2 = 0.5005$$

图 13.10 开花幼果期(5 月)降水量与维生素 C 含量关系

用逐步回归方法对上述各降水量因子与维生素 C 测值建立拟合方程:

$$维生素 C 含量 = 48.39 + 0.0597R_{8\text{-}9} + 0.2775R_6 \tag{13.4}$$

式中,$R_{8\text{-}9}$ 为 8 月上旬至 9 月下旬降雨量;R_6 为 6 月份降水量。$R^2 = 0.66$,$F = 19.79 > F_{0.05}$,$n = 23$。

第14章 猕猴桃气候品质评价

14.1 猕猴桃气候品质等级划分标准

猕猴桃品质优劣决定其市场竞争力。影响猕猴桃品质的因素主要有品种特性、生长环境的气象条件和栽培管理措施等,其中气象条件是引起猕猴桃品质年际间波动的主要因素。因此,可以根据猕猴桃生长期间的气象条件开展气候品质评价工作,为优质猕猴桃种植气候区划和猕猴桃产业发展提供理论依据。

猕猴桃的品质包含果实外观品质和内在营养成分两个方面,营养品质指标主要有可溶性固形物含量、总糖含量、总酸度、糖酸比和维生素 C 含量等,外观品质指标主要有果实纵径、单果重和色泽等。可溶性固形物含量指果实中能溶于水的糖、酸、维生素、矿物质等总含量,总酸度是影响果实风味的重要指标,反映不同类型的果实具有独特的口味,两者的比值即固酸比可以综合反映的果实风味,在此以固酸比表征猕猴桃综合品质优劣的评价指标。

按猕猴桃固酸比值大小,将猕猴桃气候品质分为一般、良、优、特优四级,按正态分布原则各级所占概率分别控制在 20%、30%、30% 和 20%(表 14.1)。

表 14.1　猕猴桃气候品质等级划分标准

气候品质等级	中华猕猴桃固酸比	美味猕猴桃固酸比	气候品质指数 I_{ACQ}
一般	<9.8	<9.6	<1.5
良	9.8~12.6	9.6~12.2	1.5~2.5
优	12.6~15.4	12.2~14.8	2.5~3.5
特优	≥15.4	≥14.8	≥3.5

糖分转化期和果实迅速膨大期是猕猴桃品质形成的关键期,该时段的温度、光照是影响猕猴桃品质的主要气候因子。根据气象要素与果实固酸比的相关性,选取成熟前 13 至 15 旬的气温日较差($T_{D_{13-15}}$)、成熟前 1 至 6 旬的日照时数(SSH_{1-6})、年气温日较差(T_{D_y})及果实生育期气温日较差(T_{D_p})4 个气候因子为中华猕猴桃气候品质指标;选取成熟前 13~18 旬最高气温($T_{max13-18}$)、成熟前 1 至 3 旬最高气温(T_{max1-3})、成熟前 7 至 9 旬气温日较差($T_{D_{7-9}}$)、成熟前 16 至 18 旬最低气温($T_{min16-18}$)、成熟前 1 至 3 旬平均气温(T_{1-6})、生育期降水量(P_p)及成熟前 1 至 3 旬日照时数(SSH_{1-3})7 个气候因子为美味猕猴桃气候品质指标。

14.2　气候品质评价模型

采用加权指数求和法分别构建中华猕猴桃气候品质等级评价模型(式(14.1))和美味猕猴

桃气候品质等级评价模型(式(14.2)):

$$I_{\text{ACQ1}} = 0.18X_1 + 0.17X_2 + 0.19X_3 + 0.46X_4 \tag{14.1}$$

$$I_{\text{ACQ2}} = 0.06Y_1 + 0.09Y_2 + 0.2Y_3 + 0.29Y_4 + 0.14Y_5 + 0.06Y_6 + 0.16Y_7 \tag{14.2}$$

式中,I_{ACQ1} 为中华猕猴桃气候品质指数,X_i 为中华猕猴桃气候品质指标的等级赋值(表 14.2,$X_i = 1、2、3、4$);I_{ACQ2} 为美味猕猴桃气候品质指数,Y_i 为美味猕猴桃气候品质指标的等级赋值(表 14.2,$Y_i = 1、2、3、4、5、6、7$)。

表 14.2 猕猴桃气候品质评价指标等级划分

品质类型	气候品质指标	等级赋值				自变量
		4	3	2	1	
中华猕猴桃	T_{D_y}/℃	$8.8 \leqslant T_D \leqslant 9.2$	$7.7 \leqslant T_D < 8.8$ 或 $9.2 < T_D \leqslant 10.4$	$7.1 < T_D < 7.7$ 或 $10.4 < T_D \leqslant 11$	$T_D \leqslant 7.1$ 或 $T_D > 11$	X_1
	T_{D_p}/℃	$T_D \geqslant 10.0$	$8.5 \leqslant T_D < 10.0$	$7.1 \leqslant T_D < 8.5$	$T_D < 7.1$	X_2
	SSH$_{1-6}$/h	SSH$\geqslant 430$	$260 \leqslant$ SSH < 430	$100 \leqslant$ SSH < 260	SSH < 100	X_3
	$T_{D_{13-15}}$/℃	$T_D \geqslant 10.5$	$9.7 \leqslant T_D < 10.5$	$8.5 \leqslant T_D < 9.7$	$T_D < 8.5$	X_4
美味猕猴桃	P_p/mm	$P \geqslant 1200$	$830 \leqslant P < 1200$	$480 \leqslant P < 830$	$P < 480$	Y_1
	T_{1-6}/℃	$T \geqslant 25.0$	$20.5 \leqslant T < 25.0$	$15.0 \leqslant T < 20.5$	$T < 15.0$	Y_2
	$T_{\text{max}1-3}$/℃	$T_{\text{max}} \geqslant 25.0$	$17.5 \leqslant T_{\text{max}} < 25.0$	$16.0 \leqslant T_{\text{max}} < 17.5$	$T_{\text{max}} < 16.0$	Y_3
	$T_{\text{max}13-18}$/℃	$T_{\text{max}} < 25.5$	$25.5 \leqslant T_{\text{max}} < 27.5$	$27.5 \leqslant T_{\text{max}} < 32.8$	$T_{\text{max}} \geqslant 32.8$	Y_4
	$T_{\text{min}16-18}$/℃	$T_{\text{min}} < 10.5$	$10.5 \leqslant T_{\text{min}} < 13.8$	$13.8 \leqslant T_{\text{min}} < 22.8$	$T_{\text{min}} \geqslant 22.8$	Y_5
	SSH$_{1-3}$/h	SSH$\geqslant 170$	$150 \leqslant$ SSH < 170	$50 \leqslant$ SSH < 150	SSH < 50	Y_6
	$T_{D_{7-9}}$/℃	$T_D \leqslant 7.0$	$7.0 \leqslant T_D < 8.3$	$8.3 \leqslant T_D < 9.5$	$T_D > 9.5$	Y_7

第 15 章　主栽猕猴桃品种的
气候适宜性区划

15.1　全国猕猴桃气候适宜性区划指标阈值

15.1.1　高适宜区气候指标阈值

气候高适宜区对应的主导气候因子的对应范围分别为最冷月平均气温在$-1\sim6$ ℃,年日照时数$1700\sim2000$ h,年相对湿度75%~80%,最热月平均气温$26\sim28$ ℃,无霜期$310\sim330$ d,降水量$1200\sim1500$ mm。气候高适宜区一般要求温暖潮湿,冬季气温既能满足果树正常休眠又能保证安全越冬,无霜期长度能够满足猕猴桃正常成熟且霜冻灾害较少,区域内光照充足,降水适宜且分布均匀,相对湿度一般较高。

15.1.2　适宜区气候指标阈值

气候适宜区对应的主导气候因子指标阈值分别为最冷月平均气温$-2\sim10$ ℃,年日照时数$1500\sim2300$ h,年相对湿度70%~85%,最热月平均气温$25\sim29$ ℃,无霜期$240\sim350$ d,降水量$700\sim1900$ mm。气候适宜区内热量条件较为充足,冬季气温适宜略偏高且基本无冻害发生,但部分区域夏季气温偏高,时有日灼发生,降水充沛,相对湿度较大,但东南部存在渍涝威胁。

15.1.3　次适宜区气候指标阈值

次适宜区对应的主导气候因子的指标分别为最冷月平均气温$-10\sim13$ ℃,年日照时数$1000\sim2400$ h,年相对湿度60%~90%,最热月平均气温$17\sim32$ ℃,无霜期$200\sim350$ d,降水量$400\sim3000$ mm。在北方和西南高原区的次适宜区,猕猴桃幼树的越冬期冻害和萌芽期冻害均较严重,而次适宜区南部日灼和渍涝危害较重,夏季温度过高加上光照不足导致果实品质较差,栽培经济成本大。

15.2　全国猕猴桃气候适宜性区划结果

15.2.1　气候高适宜区

主栽猕猴桃品种的气候高适宜区分布较分散,约占国土面积122.3×10^3 km^2。较为集中的高适宜区分布在四川中东部、重庆中西部、贵州高原、湘西南和陕西秦岭北麓。其他分散的高适宜区有贵州高原、湖北长江流域、川陕交界区、皖南及浙北等区域。主要包括四川中北部的成都、德阳、遂宁、南充、广安、达州，重庆的万州、忠县、梁平、开县、垫江、黔江、西阳等县区，贵州高原的铜仁和黔东南，湘西南的吉首、怀化、邵阳、娄底及长沙等地，湖北的咸宁、宜昌、恩施、荆州、黄冈和随州等地，河南的濮阳和安阳等地，安徽的六安、巢湖和池州等地，浙江的杭州、宁波、嘉兴、台州、丽水和湖州等地。在全国8个猕猴桃主产省(市)中，高气候适宜区面积大小依次为四川、湖南、湖北、重庆、贵州、浙江、陕西和河南，也是中国目前最主要的优质猕猴桃产区。

15.2.2　气候适宜区

猕猴桃种植的气候适宜区范围较广且较集中，约占国土面积 1117.5×10^3 km²。涵盖了湖北、湖南、浙江和江苏的大部分区域，还包括川东北、陕南、关中渭河谷地、渝北、黔东南、豫东、豫西南、鲁西南和闽西北等地。8个主产省(市)中适宜区以上面积依次为湖北、湖南、河南、四川、贵州、浙江、陕西和重庆。该区域基本涵盖了中国目前主要猕猴桃分布区。

15.2.3　气候次适宜区

猕猴桃种植的气候次适宜区范围主要有川东南、云南大部、黔西南、桂北、粤北、闽中、豫北、河北南部、山东中东部和新疆和田等地，约占国土面积 97.57 万 km²。目前该区域基本以对环境适宜性较广的秦美、狗枣和软枣猕猴桃为主。猕猴桃种植分布的北界位于 36°N 左右，从西到东沿甘肃庆阳，陕西铜川、渭南，山西临汾、长治，河北廊坊、沧州一带向北倾斜。南界大致在 24°—25°N 的热带气候分界线南岭附近，但云贵高原冷凉区域也有部分次适宜区存在。西界大致位于 102°E，从北向南沿甘肃天水、陇南，四川雅安、凉山一线。界线以北和以西区域主要受限于温度条件，特别是冬季气温过低不能保证猕猴桃安全越冬，同时年均气温较低，无霜期太短，不能满足果树正常成熟。而界线以南地区基本属于热带气候区，冬季气温过高，果树不能正常休眠，同时降水过多也是影响猕猴桃正常生长和品质形成的限制因素。

从区划结果看，气候适宜区的面积远大于高适宜区和次适宜面积，特别是高适宜区仅占适宜区面积的 10%，一方面表明中国区域适宜主栽猕猴桃品种种植的气候资源较丰富，另一方面表明气候高适宜区对光热水等气候因子的匹配要求很高。从现有猕猴桃主产省和气候适宜区的面积统计分析(表 15.1)，湖南、湖北和重庆等省(市)目前的种植面积与适宜区面积还有较大差距，在种植规划中有进一步扩大发展的可能。而目前较为集中的陕西和四川分布区应该逐步从发展规模转向提高产量和品质。

表 15.1　猕猴桃主产省气候适宜区面积统计 (10 km²)

	陕西	四川	湖南	湖北	贵州	河南	重庆	浙江
高适宜区	4.6	30.2	25.9	16.4	9.9	33	13.1	7.2
适宜区	62.5	76.9	129.8	143.0	81.7	106.5	38.7	67.6
次宜区	59.2	87.5	37.9	16.7	57.3	50.6	25.6	16.0
总适宜区面积	67.1	107.1	155.7	159.4	91.6	109.8	51.8	74.8
现种植面积	0.61	0.34	0.13	0.12	0.17	0.10	0.08	0.05

已有关于猕猴桃气候适宜性的评价和区划重点关注其对水热资源的生理需求,但对于追求效益栽培的猕猴桃,除了生理存在还有对产量和品质的要求,因此,本区划在筛选因子时考虑了日照时数、空气湿度和最热月气温等对产量和品质形成较为关键的气候因子。同时,现有研究大多采用年平均气温、无霜期和≥10 ℃积温 3 个因子的组合来构建区划指标,但上述因子之间的相关性极其显著且都表征热量需求,在区划中会引入了过多的冗余信息而导致较大误差。利用最大熵理论构建作物与气候环境因子的关系模型,一方面避免了采用综合区划方法中因子选取和权重确定的人为误差,另外,通过模型构建描述了气候因子之间的相互作用,较已有逐步区划的方法更为科学。从给出的主导因子适宜指标的范围来看,与已有研究确定的指标范围较为接近。划分的适宜范围和种植界限与调查的分布区域大致类似。其中种植南界变化不太明显,但北界向北移动了约 1°纬距,应该与气候变化背景下冬季气温升高和无霜期显著增加有关。同时,研究中采用了高分辨率的气候背景资料更能体现气候的区域性特点,也较已有研究更为精细。虽然气候环境是种植适宜性的关键因子之一,但生产实际中还需考虑土壤、立地条件以及栽培技术和人工营造小气候等环节。降水量较适宜指标偏少的陕西秦岭北麓和渭河河谷是目前中国猕猴桃种植面积最为集中的区域,面积占全国 40% 左右,表明栽培管理措施和灌溉条件可以克服降水不足对种植分布的限制。同时,美味猕猴桃和中华猕猴桃虽然有很近的亲缘关系,但对野生猕猴桃代表种的调查表明,美味猕猴桃总体分布上偏西而中华猕猴桃偏东南,目前中国主栽的猕猴桃品种中 67% 为美味猕猴桃,24% 为中华猕猴桃,鉴于目前难以精确获取分品种的分布信息,后期应分类进行研究。而随着气候变化的加剧,高温热害、萌芽期冻害等影响猕猴桃生产的极端天气事件发生频率明显增加,针对猕猴桃种植的主要气象灾害风险进行研究也是应该关注的重点。

15.3   陕西猕猴桃气候适宜性区划

15.3.1   气候适宜区分布

以秦岭为界,分为秦岭北部适宜区和秦岭南部适宜区。

15.3.1.1   秦岭北部适宜区

主要分布在西起宝鸡、东至渭南地区秦岭北麓海拔 320~750 m 的山前洪积扇区和渭河谷地。此区包括金台南部、渭滨东北部、陈仓东北部、凤翔南部、岐山中部偏南、扶风中南部、眉县中北部、周至北部、杨陵、武功、乾县南部、兴平、鄠邑中北部、长安中部、蓝田中西部、灞桥中南部、临潼中部、临渭中部偏南、华州西部、华阴中部、潼关中北部等山前洪积扇区及渭河川道谷地。本区属暖温带半湿润半干旱气候,年平均气温 12.4~14.9 ℃,年降水量 546~696 mm,1 月平均气温−1.6~−0.7 ℃,无霜期 215~243 d,7 月平均气温 25.0~27.6 ℃。该区水热同季,光照充足,地势平坦,土层深厚,水利排灌设施齐全,适宜猕猴桃规模种植与生产。值得注意的是,中北部和东部地区年降水量略偏少;宝鸡地区北部、蓝田、临渭南部、华州等地热量条件略偏低;周至、武功、兴平、鄠邑沿渭河川道谷地以及灞桥、临潼和华阴等地 7 月平均气温略偏高,猕猴桃叶片和果实的夏季高温热害时有发生,个别年份偏重发生。

15.3.1.2   秦岭南部适宜区

主要分布在陕南汉中盆地海拔 900 m 以下、安康盆地海拔 860 m 以下、商洛南部丹江流域海拔 800 m 以下的谷地和浅山半阴、半阳缓坡丘陵区。汉中盆地适宜区,包括勉县中东部、汉台中南部、南郑东北部、城固中部、洋县中西部、西乡中北部等沿汉江及其支流两岸谷地和浅山缓坡丘陵区。本区年平均气温 12.9~15.3 ℃,年降水量 739~994 mm,1 月平均气温 1.2~3.4 ℃,无霜期 232~265 d,7 月平均气温 23.5~26.4 ℃。该区水热条件优越,地势较为平缓,土层深厚,立地条件较好,猕猴桃生长气候条件为陕西最好,其产量高、品质佳。安康盆地适宜区,包括凤凰山两侧石泉中东部和南部、汉阴中北部和西南部,汉滨中南部、紫阳中北部、岚皋北部、平利北部、旬阳中部、白河等地沿汉江及其支流两岸的谷地和浅山缓坡丘陵区。本区年平均气温 12.6~16.6 ℃,年降水量 693~1110 mm,1 月平均气温 1.2~4.7 ℃,无霜期 231~276 d,7 月平均气温 23.1~28.0 ℃。该区水热条件适宜猕猴桃生长发育,气候条件优于秦岭以北适宜区,立地条件不如汉中盆地,凤凰山南北两侧坡陡土薄、土地分散,立地条件较差。值得注意的是,无灌溉条件的坡地猕猴桃生长期易出现阶段性干旱,汉滨和旬阳等川道谷地的猕猴桃高温热害每年均有不同程度发生。商洛丹江谷地适宜区,包括镇安的旬河和乾佑河、柞水和山阳的金钱河、丹凤和商南的丹江及其支流两岸海拔 800 m 以下川道和浅山缓坡丘陵区。本区年平均气温 13.5~15.8 ℃,年降水量 683~890 mm,1 月平均气温 0.8~3.1 ℃,无霜期 227~252 d,7 月平均气温 23.6~27.3 ℃。该区水热条件可满足猕猴桃生长发育需求。值得注意的是,丹凤降水条件处于猕猴桃适宜生长水分需求下限,其年际变化大,遇降水偏少年份,猕猴桃生长易受干旱影响。

15.3.2 气候次适宜区分布

该区域分为渭北次适宜区和陕南次适宜区。

15.3.2.1 渭北次适宜区

主要分布在秦岭北部适宜区北界以北海拔 327~890 m 的渭河川道谷地和渭北塬区。此区包括凤翔中部、岐山和扶风的中部偏北、乾县中部、礼泉南部、秦都、渭城、泾阳、三原、高陵、耀州东南部、富平中南部、阎良、临潼北部、临渭中北部、蒲城、澄城和合阳的中南部、大荔、华阴北部、韩城东南部等川道谷地和台塬地区。本区年平均气温 11.9~14.6 ℃,年降水量 489~610 mm,1 月平均气温−2.2~0.1 ℃,无霜期 210~238 d,7 月平均气温 24.3~27.8 ℃。值得注意的是,偏北部地区(韩城除外)热量条件略显不足,春季晚霜冻害较多;中东部地区降水偏少,2—8 月降水量大多不足 350 mm,尤其中南部区域,夏季高温天气多,降水不足,叠加高温,不利于猕猴桃生长,影响其产量和品质。

15.3.2.2 陕南次适宜区

主要分布在陕南汉江、丹江流域适宜区周边海拔 1100 m 以下的浅山半阴、半阳缓坡丘陵区。本区年平均气温 11.4~15.8 ℃,年降水量 643~1290 mm,1 月平均气温-1.6~4.1 ℃,无霜期 193~268 d,7 月平均气温 21.8~27.1 ℃。其中汉中、安康次适宜区除高海拔地区年平均气温偏低外,其他水热条件基本能够满足猕猴桃正常生长发育需求,但海拔偏高,坡陡土薄,立地条件差,猕猴桃规模发展受限。商洛丹江流域次适宜区,其南部的镇安、柞水、山阳、商南、丹凤等地水热条件尚可,但高海拔地区年平均气温偏低,中北部区域无霜期短,不能满足猕猴桃正常生长需求;中部的商州、洛南水热条件均略低于猕猴桃正常生长下限需求,猕猴桃芽膨大期至新梢萌发期晚霜冻害时有发生。该区域山大沟深,立地条件差,猕猴桃种植效益差,只宜选择立地条件好的地块进行小范围种植。

15.3.3 气候不适宜区分布

该区分为北部干旱冷凉不适宜区和南部高山冷凉不适宜区。

15.3.3.1 北部干旱冷凉不适宜区

该区域主要位于渭北以北海拔 900 m 以上冷凉干旱、半干旱区。该区年平均气温低,冬季寒冷,冻害严重,春、秋季多霜冻,降水量少,无法满足猕猴桃生长需求,不适宜栽植。

15.3.3.2 南部高山冷凉不适宜区

该区域主要分布在秦巴山区海拔 1100 m 以上的高山区,虽水分条件好,但因生长期热量条件、立地条件均不能满足猕猴桃生长需求,不适宜栽植。

第16章 猕猴桃溃疡病发生的气象条件及预报

16.1 猕猴桃溃疡病特症

猕猴桃溃疡病是一种毁灭性病害,病害严重时会造成大量减产,严重流行时会导致整树干枯死亡。

猕猴桃溃疡病属一种真菌病害,主要危害结果树,发病部位以树干、主侧枝受害最严重,幼苗和幼树也有发生,多发生感染基部。溃疡病是猕猴桃树腐烂病的另一种类型,一般呈溃疡型症状,刚发病时病斑近圆形或不规则形,病部为红褐色湿润状,稍有肿胀,用手挤压时会塌陷成凹状,病部组织松软,会烂透树皮达木质部,并溢出黄褐色汁液,会散发出酒糟气味,病部表皮下会出现黑色的小粒状子座,即分生孢子器或子囊壳,当遇水或降雨时,分生孢子器涌出橘黄色丝状孢子角,在雨水中消解分散进而传播。

猕猴桃溃疡病发生在枝蔓上时,会在枝干表皮上产生纵裂缝并流出深绿色的水渍状黏液,如果遭遇高湿条件时,枝干裂缝处就会分泌出一种白色菌脓状物质,导致流胶部位组织下陷,树干病部会变黑呈现铁锈状的溃疡病斑且病部上端的枝条发生龟裂后萎缩干枯直至死亡。

猕猴桃叶片感染溃疡病害后,叶片上会出现暗褐色的不规则病斑,病斑的外边缘会失绿泛黄,溃疡病症状逐渐严重时,叶片会内卷枯焦且发生掉落现象。

猕猴桃在开花期时,如果花蕾感染溃疡病害,在开花前猕猴桃的花朵就会出现变色枯死,花朵内部花器会受到病害的危害,花冠表面呈现褐色水腐形态。

16.2 猕猴桃溃疡病发病规律

溃疡病菌以菌丝、分生孢子及子囊壳在病树皮内及周围等病残体上越冬,成为来年的初侵染源,病菌从伤口侵入树皮,会借风雨及昆虫传播,春季发病最多,扩展也快,是一年内腐烂病的暴发期,5月中旬前后会大量涌出孢子角,继续发病,9月开始,侵入皮层的病菌分泌毒素,会形成豆粒大小的枯黄色病斑,躲藏在粗皮和翘皮下,伺机侵染,树势强时潜伏,树势弱时侵入危害并扩展,直至冬季又潜伏于树皮内,成为下一年的侵染源,待气温回升后又侵染危害猕猴桃树枝干。发病期间的大气温度一般在25 ℃左右,如果园地内的湿度过大时,溃疡病的蔓延就会发生越快。轻者会造成果子减产以及枝叶干枯,随着病害的加重就会造成整株果树死树,更有严重者还可能毁掉整个猕猴桃果园。

一般猕猴桃的溃疡病好发期有两个时间段,一个是在猕猴桃的伤流期和萌芽期,也就是每年的 2—3 月份,还有一个在采果后的时间段,也就是每年的 9—10 月份。

猕猴桃溃疡病传播途径很多,在自然条件下一般可由风雨及昆虫传播;人工作业如修剪、苗木嫁接、授粉等都可能成为传播溃疡病的途径,总体分为内部感染和外部侵入两类。

栽培管理粗放、施肥不当、结果量过量,早期落叶,树势衰弱,或追肥浇水不当树体贪青枝梢徒长的果园发病重。

秋雨多易患溃疡病,冬季寒冷易患溃疡病,阴坡地带的果园易患溃疡病,低洼地带的果园易患溃疡病,不通风的果园易患溃疡病。

16.3　猕猴桃溃疡病发病的气象条件

温度与溃疡病的发生危害关系密切。温度对溃疡病始发期的迟早,病害的扩展漫延速度及发病程度和病害停止漫延都起着关键作用。

16.3.1　极端低温对病害的影响

历年极端最低气温的高低与出现的早迟,与溃疡病发生的早迟和危害程度关系密切。据观察,12 月下旬和 1 月下旬分别出现 −10.2 ℃和 −10.1 ℃低温之后,于 2 月中旬发病;12 月下旬出现最低温度 −15.8 ℃之后 4 d 发病,1 月下旬出现最低温度 −12.4 ℃后 5 d 见病;2 月上旬出现 −11 ℃低温,于 2 月下旬病害发生。表明越冬期出现 −12 ℃以下极端低温,过后 5 d 内发病,病势严重;其他年份极端低温程度较弱,低温过后到发病时间相对较长。年度极端低温出现的早迟和低温程度决定着溃疡病发生的早迟和危害程度。

16.3.2　平均气温对溃疡病发生的影响

低温是促进猕猴桃溃疡病发生的关键因素,高温是阻碍其流行的关键因素。观察结果显示,开始发病当旬平均气温为 −0.9 ℃,发病前一旬平均气温为 −3.4 ℃,说明该病在 0 ℃以下就能够发病;在 2～15 ℃病害流行速度快;15 ℃以上病害流行速度趋缓;当旬平均气温达 20 ℃左右时,病害基本停止蔓延。

16.3.3　水涝灾害对溃疡病发生的影响

通过调查发现,果园地下水位偏高,排水不畅,造成猕猴桃树根被水浸泡时间过长,极易导致树势减弱,诱发溃疡病。

16.4　猕猴桃品种因素对溃疡病发生的影响

通过对 24 个猕猴桃品种(系)枝人工接种溃疡病病原菌,结果表明,不同猕猴桃品种对溃疡病的抗性存在显著差异,华特和徐香表现为高抗;迷你华特、金魁、绿肉优系(G-HZ201201)和毛雄表现为抗病;布鲁诺表现为耐病;红阳、黄肉优系 11-7、大红、早鲜、早艳和黄肉优系 Y-HZ201201 表现为高感。

16.5 猕猴桃溃疡病发病等级气象预报模型

对当地翌年春季猕猴桃溃疡流行风险的气象发病等级预报(表16.1),采用枝干发病率的预测模型:

$$Y = -17.36 + 1.56X_1 + 0.60X_2$$

式中,X_1 为当年11月至翌年2月日均气温≤ 0 ℃以下总天数;X_2 为翌年2月日均温4 ℃~20 ℃天数。

当 $Y < 5$ 时为零星发病,不用全园处理;当 $5 \leq Y < 20$ 时为轻~中度流行,必须按照"两前两后"精准预防技术进行全园处理;当 $Y \geq 20$ 时为中~重度流行,建议上报当地行政主管部门开展统一防治。

表 16.1 猕猴桃溃疡病气象发病等级预报预警指标

Y 值范围	图例颜色	发病等级
$Y < 5$	绿色	零星发病
$20 > Y \geqslant 5$ ℃	黄色	轻至中度发病
$Y \geqslant 20$ ℃	红色	中至重度发病

16.6 猕猴桃溃疡病防控技术方案

猕猴桃溃疡病危害部位多,入侵途径多,传播途径多,越冬场所复杂,常造成叶斑、花腐、枝枯,甚至毁园,严重威胁着猕猴桃安全生产。做好猕猴桃细菌性溃疡病防控工作,对保障猕猴桃生产安全持久发展非常重要。

16.6.1 防控目标

猕猴桃主产区防治处置率达到90%以上,总体防控效果85%以上,危害损失率控制在10%以内。

16.6.2 防控策略

坚持"预防为主,综合防治"的原则,以健壮栽培和免疫诱抗为基础,以减少细菌入侵为核心,抓住花前花后和采果后至落叶前的"两前两后"关键时期进行药剂防治。

16.6.3 适用范围

本方案适用于在陕西、贵州、湖南、四川、安徽、河南等猕猴桃主产区细菌性溃疡病的防控。

16.6.4 免疫诱抗健壮栽培技术

(1)选用抗病品种和无病繁殖材料

建园时选用抗病性较强、适合当地栽培的猕猴桃品种。应当从无病园采集无病无菌接穗和花粉用于建园、嫁接和授粉。

（2）加强栽培管理提高免疫力

依据品种特性、树龄、气候和果园肥力条件，合理整形、修剪和负载，保持健壮树势和园内良好的通风透光。秋季施用腐熟家畜粪肥、生物有机肥、油渣等，生长季节行间种植毛苕子等绿肥植物，增加土壤有机质含量；同时叶面喷施微生物菌剂 2～3 次，地下根施微生物菌肥等60～100 kg/亩，增强树体抗病力。

（3）诱导抗性

猕猴桃开花前、幼果期和果实膨大期，全园喷施免疫诱抗剂各 1 次，药剂可选用 5％氨基寡糖素水剂 800～1000 倍液，或其他高效的诱抗剂，以提升树体抗性。

（4）设施栽培

品种抗病性差的果园，可以通过各类不同的设施栽培技术如塑料大棚等措施，阻断风雨传播途径，减少病菌越冬、传播、侵染机会，达到减轻病害的目的。

（5）"两前两后"精准用药

一是猕猴桃开花前（花蕾初现期）和落花后（落花 70％）分别喷施 1 次药剂控制当年春季溃疡病菌引起的花腐和叶斑，药剂可选用春雷霉素、中生菌素等生物药剂，可跟氨基寡糖素等免疫诱抗剂混配进行喷施以提高防效。二是采果后至落叶前对全园主干大枝涂刷或喷淋药剂各 1 次，可选用生物药剂或王铜、氢氧化铜、噻菌铜等铜制剂，药剂涂刷时的浓度比喷施推荐的浓度可适当提高，施药间隔期 10～15 d。

第 17 章　猕猴桃气象灾害监测预警服务系统设计与实现

17.1　系统介绍

17.1.1　系统总体框架及网络架构

紧密围绕陕西省猕猴桃产业发展需求,以最新气候资源数据为基础,结合历年气象数据、小气候观测站数据、猕猴桃气象灾情数据及病虫害数据等数据资料,基于猕猴桃生育期指标、冠层叶温、果温、气温等不同类型温度预测模型,研发陕西猕猴桃气象灾害监测预警服务系统,为陕西猕猴桃生产防灾减灾、产业结构调整、合理规划布局和健康可持续发展战略目标提供科学依据,其总体框架图如图 17.1 所示。

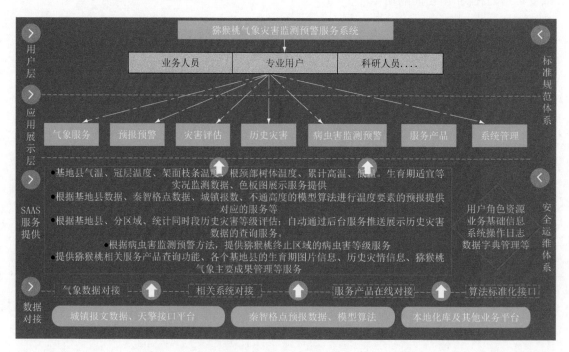

图 17.1　系统总体框架图

数据对接:为充分利用现有已经建成的业务系统,通过各种数据采集技术,从业务数据存储、业务数据库或其他数据文件(包括图片、视频等)提取气象数据,经过数据的筛选甄别、加工处理及分类存储等采集流程,结合猕猴桃生长相关业务基础数据库,最终形成系统所必需的气象产品数据库,它是系统的"数据中心"。

SAAS 服务提供：系统采用微服架构体系进行单服务集成开发，通过每个不同的业务模块功能的开发进行数据服务治理，增加系统的高可用、高并发、高性能。

应用层：通过服务层提供的单一服务进行多服务的系统应用业务集成，满足猕猴桃气象灾害监测预报预警系统在实际业务运行中的实用性，系统还根据业务化标准化接口预留系统的数据对接。

展示层：融合气象数据、算法模型、灾情数据等一平台的展示，实现气象监测、预报预警、灾害评估、历史灾害回演、病虫害监测、服务产品等功能展示。

信息传输网络：通过服务器、气象内网、互联网网络的建设，为系统的正常运行提供必须的网络保障，其网络架构如图 17.2 所示。

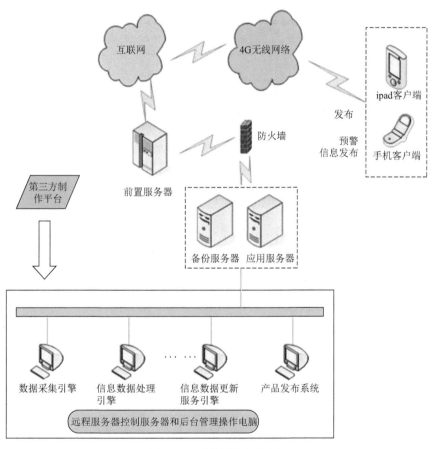

图 17.2　系统网络架构图

17.1.2　系统技术路线

本系统采用微服务体系架构提供技术解决方案，技术路线遵照用户需求实现。其技术路线如图 17.3 所示。

微服务架构（Microservice Architecture）是一种架构概念，旨在通过将功能分解到各个离散的服务中以实现对解决方案的解耦。可以将其看作是在架构层次而非获取服务的类上应用很多 SOLID 原则。微服务架构是一个很有趣的概念，它的主要作用是将功能分解到离散的各

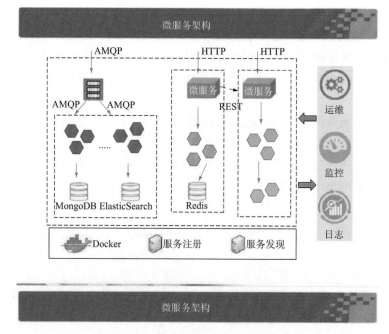

图 17.3　系统技术路线图

个服务当中,从而降低系统的耦合性,并提供更加灵活的服务支持。

把一个大型的单个应用程序和服务拆分为数个甚至数十个的支持微服务,它可扩展单个组件而不是整个的应用程序堆栈,从而满足服务等级协议。

方案中所涉及到微服务,使用目前比较流行和使用广泛的技术——基于 Spring Cloud 微服务设计,如图 17.4 所示。

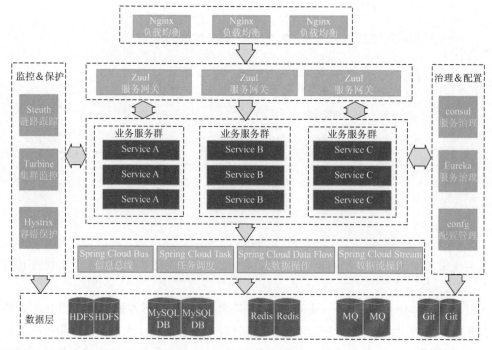

图 17.4　SpringCloud 微服务架构

Spring Cloud 是基于 SpringBoot 的一整套实现微服务的框架。他提供了微服务开发所需的配置管理、服务发现、断路器、智能路由、微代理、控制总线、全局锁、决策竞选、分布式会话和集群状态管理等组件。

17.1.3　系统接口设计原则

接口设计总体上遵循高内聚、低耦合、精分解的设计原则,尽量减少各系统间、系统内各模块间的耦合度、降低操作复杂度、保证实现的通用性、提高系统的重用性和扩展性,具体原则如下:

(1)主要原则

所有的接口设计遵循项目建设规定的接口规范,符合 CAP 协议标准。

(2)其他原则

① 使用简单、快捷,通用性好,可靠性高;

② 充分考虑接口所涉及的各个系统的应用扩展情况,能灵活地支撑需求变化;

③ 保证接口数据在接口所涉及的各个系统间的一致性;

④ 在数据交互过程中,应具有传送和接收后的确认过程;

⑤ 以 XML、JSON 格式数据为主要的数据传输载体。

涉及接口主要包括两类:系统外部接口和系统内部接口,系统接口基于 SOA 通过内部、外部接口的设计,实现系统内部、系统与外部系统的集成。

项目外部接口涉及以下方面:

(1)从省相关部门或单位获取数据资料的采集接口

系统支持通过数据库访问、FTP、webservice、人工数据导入等接口方式实现数据采集,具体的实现以省(市)等其他部门所能提供的实际共享接口为准。

(2)提供给手机客户端及现有其他业务系统数据资料的访问接口

系统提供 API、FTP、webservice 等接口类型,对外部业务系统提供共享访问接口。

项目内部接口:主要是通过 API、FTP 和 SOCKET 接口等方式,实现内部系统之间的功能调用和数据交换。

17.1.4　系统性能

系统性能是衡量一个系统成功的重要标志。本系统基于 linux＋mysql 服务器数据库组合,能够确保系统性能与稳定性的提升。

数据的加载采用分页加载技术,一次加载一屏,通过屏幕滑动或点击加载功能,快速响应用户请求,加载数据。

针对大量用户并发请求的处理,考虑应用的实际使用者多为内部人员,其最大用户数估算在 10000 以内,后期面向公众时用户数会大量增加。在设计上考虑能承受一定的并发请求,中心服务端采用多线程处理技术、缓冲技术等,WEB 服务器采用负载均衡策略来保障大量用户并发请求。

加载图片或视频时容易造成流量浪费及形成网络阻塞,采用异步加载技术和缓冲技术有助于解决这个问题,即先加载小图,视用户需求,点击时再加载大图,图片或视频可实现本地缓冲存取(图 17.5)。

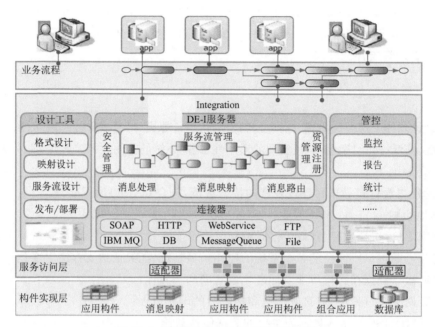

图 17.5 数据接口传输与交换平台架构

17.2 系统功能

猕猴桃气象灾害监测预警服务系统集气象灾害监测、预报预警、灾害识别与评估、历史灾害回演、病虫害预报预测、数据管理、服务产品等功能于一体,能够开展相应灾害的临近预报预警服务,面向用户提供互动式、个性化、智能化直通式气象服务,可为提升猕猴桃产业气象保障服务水平、灾害预警能力以及提高服务效果提供强有力的技术支撑。该系统主要包括七大模块:气象监测模块、预报预警模块、灾害评估模块、历史灾害模块、病虫害预报预警模块、服务产品模块、基础信息模块以及系统管理模块。

17.2.1 猕猴桃果区气象监测模块

猕猴桃果区气象监测模块可实时显示猕猴桃主要种植区国家站/区域站气温实况观测数据,同时也可显示单站过去 12 h 逐时气温变化趋势情况,可显示猕猴桃种植区生育期情况;可查看历史气象数据,统计计算某时段高于或者低于某界限温度的累积温度。利用猕猴桃果园气象要素与国家气象站气象要素建立相关温度预测模型,计算猕猴桃果园冠层温度、结果母枝温度、树干根颈部温度、叶幕层表面温度、果面(果实)温度。

将常规气象要素网格观测资料转化,形成猕猴桃产区主要气象要素资料序列,结合地理信息,形成猕猴桃果区各类气象要素实况监测以及生育期分布图,主要包括:国家站及区域站温度分布图、果园冠层温度分布图(生长期);果园架面枝条温度分布图(越冬期);根颈部(地上20 cm)树体温度分布图;大于某界限温度的高温累积分布图;低于某界限温度的低温累积分布图;猕猴桃生育期分布图。

17.2.2　猕猴桃果园气象预报预警模块

利用气象预报网格预报数据和猕猴桃果园气象要素与国家气象站气象要素相关模型,对未来几天(1～15 d)的气象要素预报值进行转换,形成猕猴桃产区未来 1～15 d 主要气象要素预报序列,结合地理信息,形成猕猴桃果区气象要素预报分布图。主要包括:猕猴桃种植区内国家站及区域站温度预报分布图、果园冠层最高温度预报分布图(生长期);果园架面枝条最低温度预报分布图(休眠期);根颈部(地上 20 cm)树体温度预报图。利用猕猴桃果园气象要素预报结果和猕猴桃高温、低温等气象灾害指标判断未来 1～15 d 是否发生猕猴桃气象灾害,绘制猕猴桃产区灾害分布图,发布灾害预警。

提供并探索基于地理信息系统进行多元化的猕猴桃气象服务产品制作,拓展及提升猕猴桃气象服务产品的内容及内涵,模拟分析各灾害主体的诱发因子及其权重,建立监测预警模型,制定猕猴桃气象灾害监测评价体系,对各灾害主体进行时空上的划分,辅助猕猴桃种植区气象灾害的监测预警。

17.2.3　猕猴桃气象灾害评估模块

猕猴桃气象灾害评估模块集猕猴桃气象灾害灾前、灾中、灾后一系列评估工作于一体。灾前,利用猕猴桃果园气象预报模块的预报结果和猕猴桃高温、低温等气象灾害指标判断未来 1～15 d 发生猕猴桃气象灾害的等级(轻中重),当满足气象灾害指标时,计算各网点灾害等级,绘制猕猴桃产区灾害等级分布图,检索历史同时段相似气象灾害事件及损失,作为灾害损失预估评价参考,对可能受到影响的区域及灾害等级、灾害损失进行预估。灾中,利用猕猴桃种植区气象观测站数据以及灾害指标,实时评估灾害发生区域、灾害等级以及灾害损失。灾后,将气象监测数据与基础地理信息结合,运用科学模型构建,结合灾害调查资料,直观地对气象灾害影响区域进行定量定性的评估,准确及时评估猕猴桃在遭受气象灾害后的产量损失和经济损失,为当地政府部门的防灾减灾提供决策依据。

17.2.4　猕猴桃历史气象灾害模块

利用历史气象资料和猕猴桃高温、低温灾害指标回演历史上发生的猕猴桃气象灾害等级及损失,绘制猕猴桃产区灾害等级分布图,为猕猴桃果园气象灾害预警模块的猕猴桃灾害预警提供灾害损失预估评价依据。利用周至猕猴桃日志资料,以旬为单位,展示当旬和下一旬猕猴桃典型历史气象过程及影响(高温、越冬冻害、春霜冻害、干旱、大风、病虫害等),为猕猴桃气象服务提供参考。

17.2.5　猕猴桃病虫害监测预警模块

猕猴桃病虫害监测预警模块实现病虫害信息整理、统计分析、监测预报功能。系统基于猕猴桃枝干溃疡病预测模型,结合气象信息,目前可以实现猕猴桃枝干溃疡病监测预警功能。

17.2.6　猕猴桃气象产品库模块

该模块主要展示陕西省农业遥感与经济作物气象服务中心制作发布的各类猕猴桃气象

服务产品;猕猴桃田间调查图片、生育期图片和陕西猕猴桃历史上重要灾害图片查询显示功能。

17.2.7 猕猴桃气象基础信息库模块

猕猴桃气象基础信息库模块显示各类猕猴桃品种特性信息;陕西猕猴桃基地县主要生产信息;猕猴桃主要气象灾害指标信息;猕猴桃气象主要成果、文献信息的查询。

17.3 系统数据集

本系统基于 linux+mysql 服务器数据库组合,实现数据库的访问功能,能够确保系统性能与稳定性的提升。数据库主要包括历史猕猴桃产业统计数据、历史气象数据、实时猕猴桃园小气候监测数据、猕猴桃气象指标体系、猕猴桃物候期数据子集以及猕猴桃灾情数据子集。猕猴桃产业统计数据,主要来源于陕西省统计年鉴,包括陕西省猕猴桃代表基地县2006—2020年种植面积和产量数据。历史气象数据库,包含1961—2020年近60年气温、降水、日照、风速、相对湿度等气象数据。实时猕猴桃园小气候监测数据,周至县佰瑞猕猴桃研究院猕猴桃果园(28要素)、西北农林科技大学宝鸡眉县猕猴桃试验站果园(8要素)、陕西林果气象试验科普观测园(西安)(8要素)三个猕猴桃小气候观测站温湿度等实时观测数据。猕猴桃气象指标体系,主要分两大部分,猕猴桃适宜生长气象条件指标库以及猕猴桃气象灾害指标体库。猕猴桃适宜生长气象条件指标,包含了猕猴桃年尺度适宜/次适宜/不适宜指标库,分生长时段适宜生长条件指标库。猕猴桃气象灾害指标库,包含猕猴越冬冻害、芽膨大期冻害、高温干旱等气象灾害指标,各类指标主要来源于文献图书资料、高低温冻害胁迫试验等。猕猴桃物候期数据子集包括周至县主栽品种秦美1984—2016年长序列16个物候期观测数据。猕猴桃灾情数据子集包括了1984—2016年陕西关中地区、河南等地猕猴桃晚霜冻害、越冬冻害、日灼等灾情资料。

17.4 猕猴桃气象灾害预警指标

17.4.1 猕猴桃春季低温冻害预警指标(表17.1)

表 17.1 猕猴桃春季霜冻害等级指标

级别	低温指标
轻度	$-0.49\ ℃ \leqslant T_D \leqslant 0.0\ ℃, T \geqslant 5\ h$; $-0.99\ ℃ \leqslant T_D \leqslant -0.5\ ℃, T = 3\ h/4\ h$; $-1.49\ ℃ \leqslant T_D \leqslant -1.0\ ℃, T = 2\ h$; $-1.99\ ℃ \leqslant T_D \leqslant -1.5\ ℃, T = 1\ h$
中度	$-0.99\ ℃ \leqslant T_D \leqslant -0.5\ ℃, T \geqslant 5\ h$ $-1.49\ ℃ \leqslant T_D \leqslant -1.0\ ℃, T = 3\ h/4\ h$; $-1.5\ ℃ \leqslant T_D \leqslant -1.99\ ℃, T = 2\ h$; $-2.49\ ℃ \leqslant T_D \leqslant -2.0\ ℃, T = 1\ h$; $-2.99\ ℃ \leqslant T_D \leqslant -2.5\ ℃, T = 1\ h$

级别	低温指标
重度	$-1.99\ ℃≤T_D≤-1.5\ ℃,T≥3\ h$ $-2.49\ ℃≤T_D≤-2.0\ ℃,T≥2\ h;$ $-2.99\ ℃≤T_D≤-2.5\ ℃,T≥2\ h;$ $T_D≤-3.0\ ℃,T≥1\ h;$

备注:T_D 为逐时最低气温

17.4.2　越冬期低温冻害预警指标(表 17.2～表 17.4)

表 17.2　美味系猕猴桃越冬期冻害预警指标和症状表现

级别	低温指标	主要冻害症状表现
轻度	$-12.0\ ℃<T_D≤-8.0\ ℃$	树体有部分一年生枝脱水皱缩,或虽没有表现皱缩但切断枝条髓部表现褐色,其他部位基本不受影响;整个树体春季大部分枝条能正常萌芽;对当年减产影响小于30%
中度	$-15.0\ ℃<T_D≤-12.0\ ℃$	树体上部大部分枝条脱水皱缩,或虽没有表现皱缩但切断枝条,髓部表现褐色;部分主杆受冻,树皮开裂;春季部分枝条不能正常萌芽,个别主杆受冻严重的树死亡;对当年减产影响小于50%
重度	$T_D≤-15.0\ ℃$	树体上部几乎所有枝条脱水皱缩,切断枝条髓部表现深褐色;多数主杆受冻开裂;春季地上部几乎所有枝蔓死亡,春季不能萌发新叶,部分枝蔓基部可发出萌蘖,部分植株整株死亡;对当年减产影响50%以上

表 17.3　结果母枝越冬冻害等级指标(℃)

级别	红阳	翠香	金福	瑞玉	徐香	海沃德
0 级	$T_N≥-8$	$T_N≥-8$	$T_N≥-8$	$T_N≥-8$	$T_N≥-8$	$T_N≥-8$
1 级	$-11≤T_N<-8$	$-10≤T_N<-8$	$-11≤T_N<-8$	$-10≤T_N<-8$	$-11≤T_N<-8$	$-11≤T_N<-8$
2 级	$-13≤T_N<-11$	$-12≤T_N<-10$	$-13≤T_N<-11$	$-13≤T_N<-10$	$-13≤T_N<-11$	$-14≤T_N<-11$
3 级	$-14≤T_N<-13$	$-13≤T_N<-12$	$-14≤T_N<-13$	$-15≤T_N<-13$	$-15≤T_N<-13$	$-16≤T_N<-14$
4 级	$-15≤T_N<-14$	$-15≤T_N<-13$	$-16≤T_N<-14$	$-17≤T_N<-15$	$-17≤T_N<-15$	$-20≤T_N<-16$
5 级	$T_N<-15$	$T_N<-15$	$T_N<-16$	$T_N<-17$	$T_N<-17$	$T_N<-20$

备注:$T_N=1.0311T_{a_{min}}-2.2821,T_{a_{min}}$:180 cm 冠层日最低温度

表 17.4　猕猴桃树干根颈部冻害等级指标

级别	温度指标(℃)
0 级	$T_{Ns}≥-8$
1 级	$-11≤T_{Ns}<-8$
2 级	$-13≤T_{Ns}<-11$
3 级	$-14≤T_{Ns}<-13$
4 级	$-15≤T_{Ns}<-14$
5 级	$T_{Ns}<-15$

17.4.3　夏季高温热害预警指标(表17.5)

表17.5　猕猴桃叶幕层、果实热害预警等级指标

级别	叶幕层温度热害等级指标	果实日灼等级指标
适宜	$\leqslant 30\ ℃$	$\leqslant 47\ ℃$
轻度	$30\ ℃ < T_L \leqslant 39\ ℃$	$47\ ℃ < T_N \leqslant 49\ ℃$
中度	$39\ ℃ < T_L \leqslant 45\ ℃$	$49\ ℃ < T_N \leqslant 51\ ℃$
中度	$T_L > 45\ ℃$	$T_N > 51\ ℃$

备注:T_a 表示猕猴桃园 180 cm 冠层日最高温度;T_L 表示叶片温度,$T_L = 0.725 T_a^{1.1382}$;T_N 表示果面温度,$T_N = 0.2486 T_a^{1.4906}$

17.5　服务案例及分析

应用猕猴桃气象灾害预警预报服务系统功能,根据陕西网格预报智能解析应用系统(秦智)数值天气预报给出的1～10 d各网格点预报温度产品,选择逐日最低(冬季)或最高(夏季)温度产品,结合建立的气象灾害预报模型和等级指标,可以逐日给出未来1～10 d逐日灾害等级预警分布图。

17.5.1　一次高温热害预警个例

2022年7月6—11日陕西猕猴桃主产区出现持续6 d的极端高温热害天气过程,利用该系统于高温出现前一天分区域、分灾害等级发布未来10 d高温热害预警预报,之后每日迭进式进行灾害监测、灾害预警预报,直至高温过程结束,并进行了灾后评估。实现了"灾害发生前-受灾-灾害结束"全过程完整的预报预警服务。在农业气象领域首次实现了"灾前有预警、灾中有迭进、灾后有评估"的逐日灾害监测预报预警功能的跨越(图17.6)。

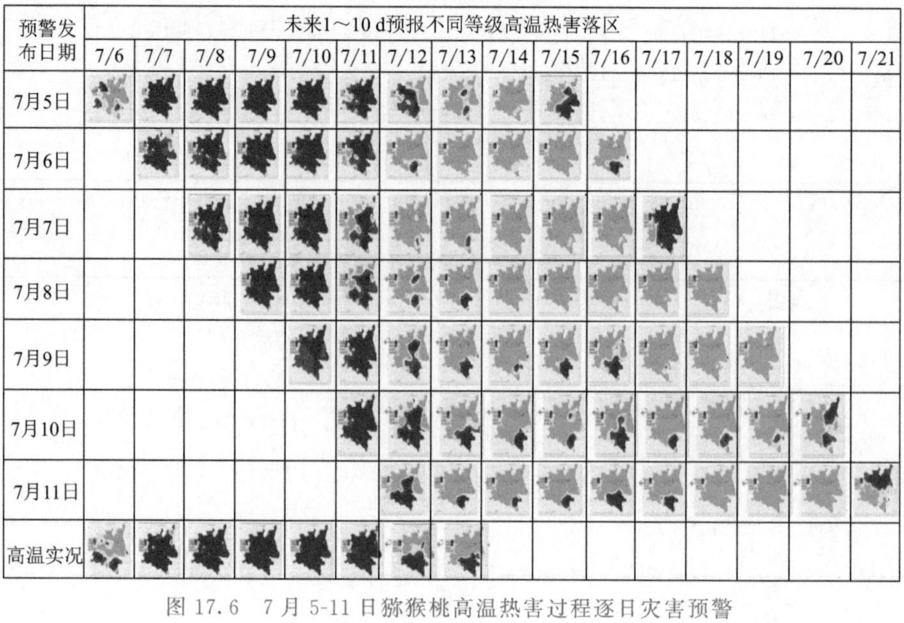

图17.6　7月5-11日猕猴桃高温热害过程逐日灾害预警

17.5.2　猕猴桃气象灾害预警预报验证

2022 年高温热害期间,通过田间观测调查,对猕猴桃气象灾害预警预报系统的预报预警精度进行了对比验证。

2022 年 6 月 14—16 日出现高温天气过程,6 月 13 日猕猴桃气象灾害预警预报系统模型运行结果显示未来 3 d 关中猕猴桃将出现轻到重度高温日灼灾害。陕西省农业遥感与经济作物气象服务中心猕猴桃果园实际观测到 14 日果实出现轻度日灼,15、16 日日灼程度逐日加重,系统预报预警结果与实际情况基本一致(图 17.7、图 17.8)。

猕猴桃气象灾害监测预警服务系统 V1.0 计算机软件著作登记权,登记号 2021SR1429287

图 17.7　6 月 14—16 日猕猴桃果实高温日灼等级区域分布图

图 17.8　6 月 14—16 日猕猴桃果实高温日灼灾害逐日加重(西安)

参考文献

安成立,刘占德,刘旭峰,等,2011.猕猴桃不同树龄冻害调研报告[J].北方园艺(18):44-47.

陈进,徐明,邹晓,等,2019.黔中地区不同林龄马尾松小气候特征研究[J].中国环境科学,39(12):5264-5272.

陈曦,岳伟,徐建鹏,等,2021.猕猴桃主栽品种气候品质评价模型构建[J].生态学杂志,40(12):4119-4127.

陈贻竹,李晓萍,夏丽,等,1995.叶绿素荧光技术在植物环境胁迫研究中的应用[J].热带亚热带植物学报,3(4):79-86.

崔致学,1993.中国猕猴桃[M].济南:山东科学技术出版社.

黄长社,王雯燕,王丽,等,2017.周至猕猴桃冻害气候特征分析及防御对策[J].甘肃科学学报,29(6):46-49.

黄宏文,张田力,龚俊杰,等,1989.中华猕猴桃优良品系金阳1号金农1号选育研究报告[J].果树科学,6(1):52-56.

黄永红,史修柱,李桂云,等,2016.2016年泰山南麓猕猴桃冻害调查与分析[J].落叶果树,48(06):17-19.

李夏,李学宏,张百忍,等,2021.黄肉中华猕猴桃新品种安鑫的选育[J].中国果树(9):71-73.

李艳莉,郭新,符昱,等,2021.陕西关中地区猕猴桃园小气候特征分析及高温热害指标研究[J].陕西气象(01):40-43.

刘璐,屈振江,张勇,等,2017.陕西猕猴桃果品气候品质认证模型构建[J].陕西气象(4):21-25.

刘效东,周国逸,等,2014.南亚热带森林演替过程中小气候的改变及对气候变化的响应[J].生态学报,34(10):2755-2764.

刘占德,郁俊谊,安成立,等,2012a.中国猕猴桃主产区的冻害调查及其应对措施[J].北方园艺(12):64-65.

刘占德,郁俊谊,屈学农,等,2012b.高产型徐香猕猴桃树体结构及土壤养分状况分析[J].西北农业学报,21(12):105-107.

刘占德,姚春潮,刘军禄,等,2017.猕猴桃新品种农大猕香的选育[J].中国果树(6):74-78.

闵艳娥,李小功,赵爱香,等,2019.渭南地区猕猴桃树冻害发生的因素及关键防治措施[J],农业科技通讯(2):264-265.

齐秀娟,方金豹,赵长竹,2011.2009年郑州地区猕猴桃冻害调查与原因分析[J].果树学报,28(1):55-60.

乔旭,雷钧杰,陈兴武,等,2012.核麦间作系统小气候效应及其对小麦产量的影响[J].中国农业气象,33(4):540-544.

屈振江,柏秦凤,梁轶,等,2014.气候变化对陕西猕猴桃主要气象灾害风险的影响预估[J].果树学报,31(5):873-898.

屈振江,张勇,王景红,等,2015.黄土高原苹果园不同生长阶段的小气候特征[J].生态学杂志,34(2):399-405.

屈振江,周广胜,2017.中国主栽猕猴桃品种的气候适宜性区划[J].中国农业气象,38(4):257-266.

孙世航,2018.猕猴桃抗寒性评价体系的建立与应用[D].北京:中国农业科学院.

陶建平,陶品华,茅建新,等,2013.猕猴桃的生物学特征特性及主要栽培技术[J].上海农业科技(3):67-68.

王冀川,徐雅丽,张栋海,等,2015.不同密度对南疆杂交棉冠层和田间小气候的影响[J].西北农业学报,24(12):64-71.

王梅,高志奎,黄瑞虹,等,2007.茄子光系统Ⅱ热胁迫特性[J].应用生态学报,18(1):63-68.

王明召,阳廷密,张素英,等,2018.红阳猕猴桃不同时期采收果实品质及贮藏效果研究[J].中国果树(4):31-33,41.

王明忠,李明章,2000.红肉猕猴桃新品种——红阳猕猴桃[M].北京:科学出版社:128-133.

王侬,雷靖,陈成,等,2018.美味猕猴桃新品种瑞玉果实品质综合评价[J].西北农林科技大学学报(自然科学版),46(10):101-107.

文雯,张玉亮,邵天杰,等,2011.关中平原中部猕猴桃园土壤含水量研究[J].安徽农业科学,39(18):10903-10905.

吴初梅,何鹏,戴平凤,2008.蒸发量季节变化特点与干旱发生关系的初步分析[J].气象研究与应用,29(3):8-11.

肖芳,宋洋,杨再强,2018.设施葡萄小气候预报模型的建立[J].江苏农业科学,46(22):306-309.

薛雪,杨静,郑云峰,等,2016.南京城市杂交马褂木林小气候特征研究[J].水土保持研究,23(4):226-232.

姚春潮,李建军,郁俊谊,等,2017.黄肉猕猴桃新品种农大金猕[J].园艺学报,44(9):1825-1826.

于明英,肖娟,邱照宁,等,2017.不同天气条件对沙培日光温室小气候的影响[J].北方园艺(09):42-45.

袁静,王令军,徐剑平,等,2018.大樱桃大棚小气候特征分析及预报[J].西南林业大学学报,38(2):49-55.

张放,2022.近十年全球猕猴桃生产与贸易变动简析[J].中国果业信息,39(10):24-41.

张力田,储琳,钱子华,2001.岳西较高山区1999年冬猕猴桃冻害调查[J].中国南方果树,30(1):38-39.

张芒果,李雪宁,尚韬,等,2018.猕猴桃冻害的发生因素及防治技术[J].防灾减灾(5):26-28.

张清明,2008.猕猴桃冻害及其防御[J].西北园艺(10):44-45.

张晓月,李荣平,王莹,等,2018.日光温室小气候要素预报模型研究[J].中国农学通报,34(32):113-118.

赵英杰,颜世伟,牛雨佳,等,2018.秦岭北麓称猴桃越冬冻害预防[J].西北园艺(12):10-12.

钟彩虹,王中炎,卜范文,等,2002.优质耐贮中华猕猴桃新品种翠玉[J].中国果树(5):2-4.

钟彩虹,黄文俊,李大卫,等,2021.世界猕猴桃产业发展及鲜果贸易动态分析[J].中国果树(7):101-108.

周连童,黄荣辉,2006.华北地区降水、蒸发和降水蒸发差的时空变化特征[J].气象与环境研究,11(3):280-295.

BURAK M,SAMANCI H,BUYUKYILMAZ M,2004.Winter frost resistance of Hayward and Matua kiwifruit cultivars[J].Zahradnictvi(Horticultural Science),31(1):27-30.

DOZIERR W A,JR CAYLOR A W,HIMELRICK D G,et al,1992.Cold protection of kiwifruit plants with trunk wraps and microsprinkler irrigation[J].Hort Science,27(9):977-979.

HEWETT EW,Young K,1981.Critical freeze damage temperatures of flower buds of kiwifruit(Actinidia chinensis Planch.)[J].New Zealand Journal of Agricultural Research,24(1):73-75.

STRASSER R J,TSIMILLI-MICHAEL M,SRIVASTAVA A,2000.The fluorescence transient as a tool to characterise and screen photosynthetic samples[M].UK:Taylor & Francis:445-483.